westermann

Uta Mengel, Anja Rohde, Christiane Untiet, Maria Heitmann, Sascha Kober, Alexandra Marx,
Uwe Schäfer, Daniel Tewes

Maler und Lackierer
Fahrzeuglackierer

Arbeitsaufträge
Lernfelder 1–4

1. Auflage

Bestellnummer 231625

Die in diesem Produkt gemachten Angaben zu Unternehmen (Namen, Internet- und E-Mail-Adressen, Handelsregistereintragungen, Bankverbindungen, Steuer-, Telefon- und Faxnummern und alle weiteren Angaben) sind i. d. R. fiktiv, d. h., sie stehen in keinem Zusammenhang mit einem real existierenden Unternehmen in der dargestellten oder einer ähnlichen Form. Dies gilt auch für alle Kunden, Lieferanten und sonstigen Geschäftspartner der Unternehmen wie z. B. Kreditinstitute, Versicherungsunternehmen und andere Dienstleistungsunternehmen. Ausschließlich zum Zwecke der Authentizität werden die Namen real existierender Unternehmen und z. B. im Fall von Kreditinstituten auch deren IBANs und BICs verwendet.

westermann GRUPPE

Druck und Bindung: Westermann Druck GmbH, Georg-Westermann-Allee 66, 38104 Braunschweig

ISBN 978-3-14-**231625**-3

Vorwort

Praxisorientierte Aufgaben und Kundenaufträge sind für den handlungsorientierten Unterricht das bestimmende Element. Neben den Lehrbüchern als zentrale Informationsquelle bilden sie die Basis der jeweiligen Lerneinheiten, geben eine sinnvolle Reihenfolge des Unterrichtsstoffes vor und führen zu für alle einsichtigen Zielen. In der Präsentation der Aufgabe und der kritischen Bewertung wird der Lernerfolg erfahrbar gemacht.

Dieses Heft mit Kundenaufträgen ist in enger Abstimmung mit dem zugehörigen Fachbuch – Maler und Lackierer/Fahrzeuglackierer, Lernfelder 1–4 – entstanden. Die Arbeitsaufträge korrespondieren direkt mit den im Fachbuch für das erste Lehrjahr selektierten Ausbildungsinhalten der Lernfelder 1–4.

Zusammen mit dem Fachbuch ist damit erstmals ein im Zusammenhang erarbeitetes Paket entstanden, das die Ausbildung im ersten Lehrjahr Maler und Lackierer/Fahrzeuglackierer nach dem Konzept des handlungsorientierten Unterrichts vollständig zu begleiten vermag. Es bleibt zu hoffen, dass die kreative und erfolgreiche Teamarbeit bei der Herstellung des Buches von den Nutzern und Lesern durch Rückmeldungen und Kommentare sinnvoll ergänzt wird.

Klaus Littmann

Nutzerhinweise

Das Arbeitsheft ergänzt das Fachbuch Maler und Lackierer/Fahrzeuglackierer Lernfelder 1–4

Beim Bearbeiten der Aufgaben sollten Sie weitere Informationsquellen nutzen, wie z. B. Tabellenbücher, Fachliteratur, Lexika, Fachzeitschriften, Internet, DIN-Normen, Technische Merkblätter.

Die in den Arbeitsaufträgen verwendeten Icons sind Hinweise für besondere Aufgaben:

praxisbezogene Entscheidungsfragen

Vorschlag zur Durchführung von Experimenten

Zur Lösung der Aufgaben des Arbeitshefts werden folgende Arbeitsmittel benötigt:

- Bleistifte,
- Buntstifte,
- Lineal,
- Klebstoff,
- Schere,
- Zirkel,
- Pinsel und Malfarben, z. B. Schultempera und Volltonabtönfarben,
- Taschenrechner.

Inhaltsverzeichnis

KUNDENAUFTRAG

In Ihrem Ausbildungsbetrieb wurde eine neue Halle zur Lagerung von Materialien und Geräten errichtet, die noch von außen und innen beschichtet und anschließend eingeräumt werden muss. Zusammen mit einem weiteren Auszubildenden sollen Sie alle anfallenden Tätigkeiten zum Beschichten unter Anleitung selbstständig durchführen.
Nachdem Sie beim Aufbau des Gerüstes für den Außenbereich geholfen haben, erhalten Sie von Ihrem Chef den Auftrag, die Beschichtung des Innenbereiches selbstständig auszuführen. Ihr Kollege kümmert sich derweil um die Abklebe- und Abdeckarbeiten im Innenbereich und anschließend um die Beschichtung der Außenfassade. Nach Abschluss der Beschichtungsarbeiten sollen Sie beide Ihren Arbeitgeber auch beim Einräumen der Halle unterstützen.

Objektbeschreibung

Die freistehende Halle mit Pultdach bietet Platz für den Firmentransporter, mehrere Hochregale, einen Werkstattbereich, einen Bereich zum Auswaschen der Pinsel, ein Lager für Beschichtungsmaterialien sowie ein Lager für brennbare Flüssigkeiten.

- Wände: Zweischalige KS-Außenwand mit Wärmedämmung und Luftschicht, innen KS-Sichtmauerwerk
- Boden: Estrich, bereits durch einen Gesellen Ihres Ausbildungsbetriebes mit Epoxidharz beschichtet

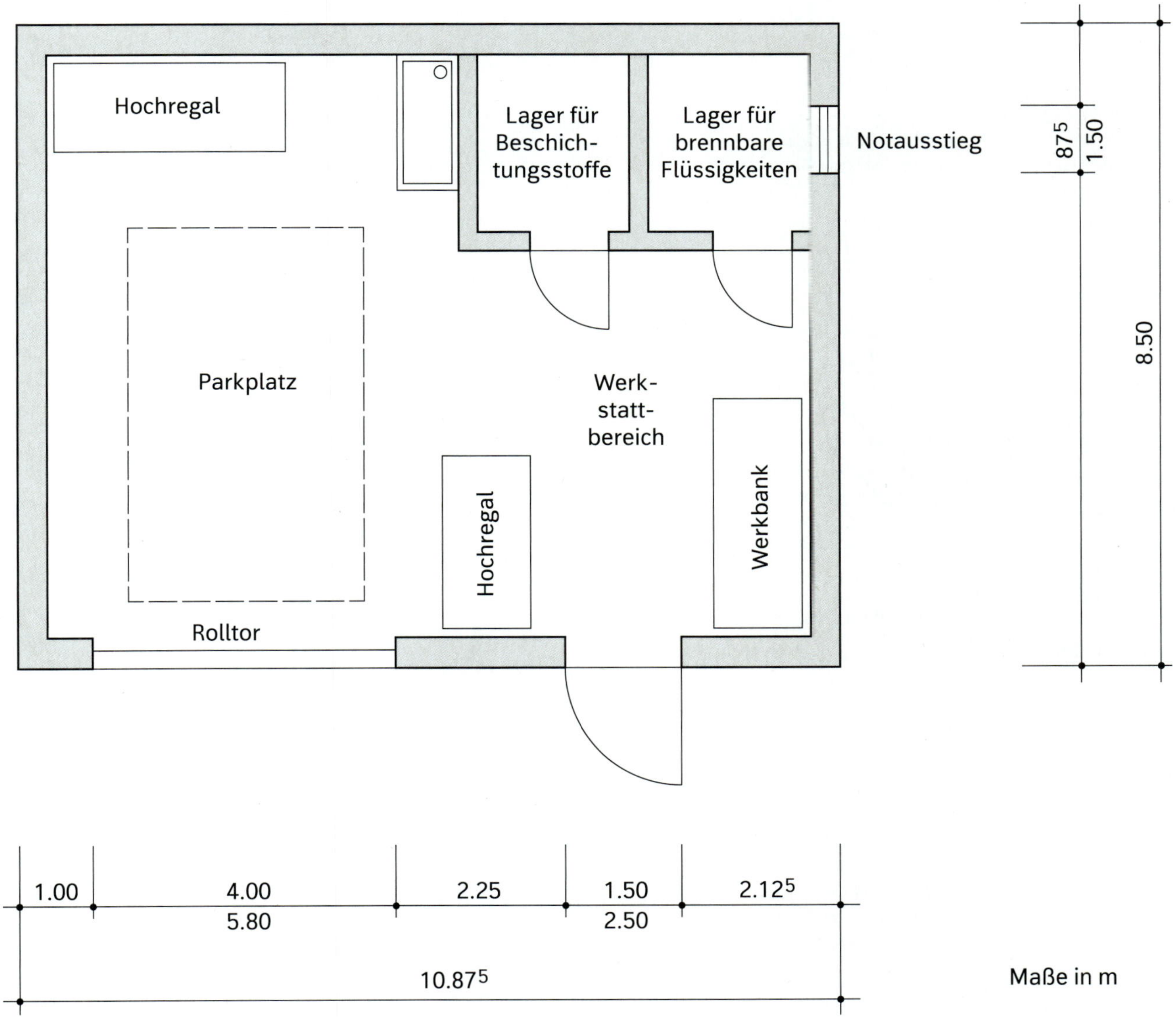

Grundriss

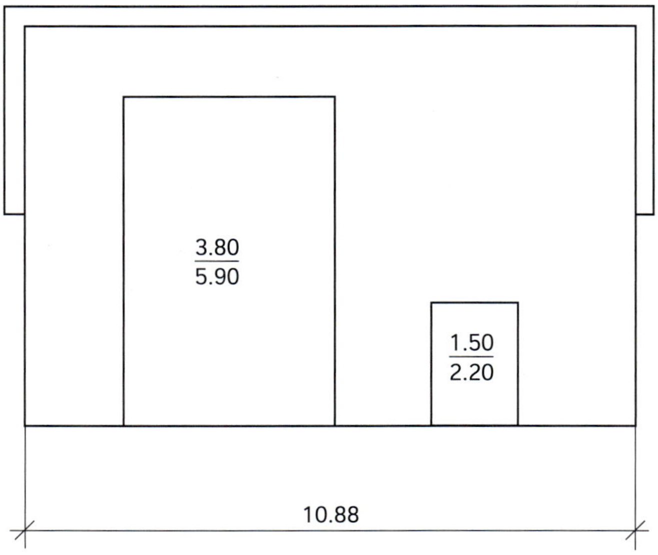

Nordansicht

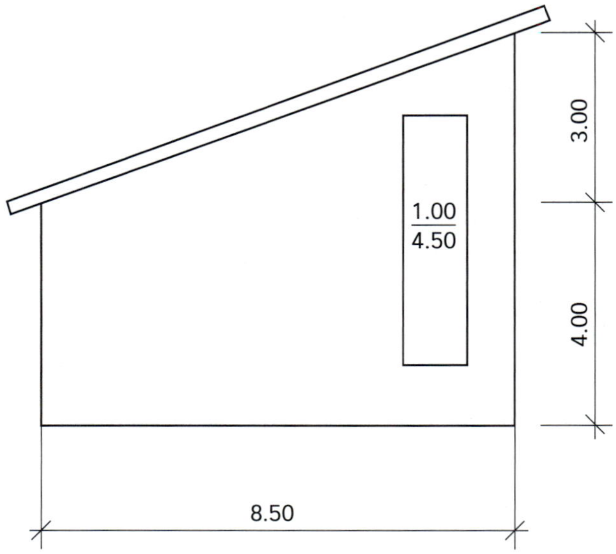

Westansicht

Anmmerkungen:
Die Südansicht hat keine Maueröffnungen.
Die Ostansicht entspricht der Westansicht
Leibungstiefe 30 cm

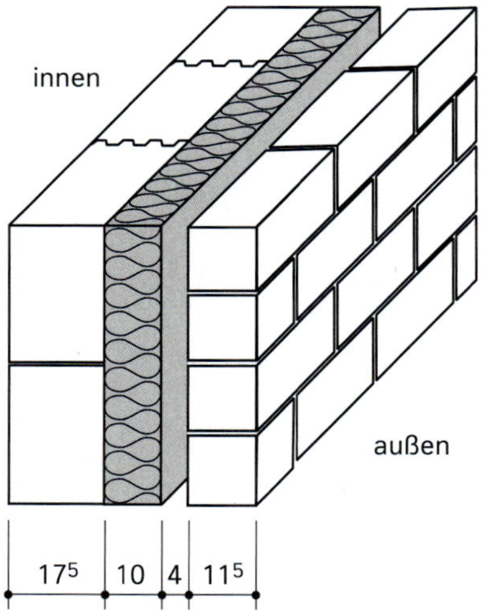

Auszuführende Arbeiten

- Einführung in betriebliche Gegebenheiten
- Einrichten des Arbeitsplatzes im Außenbereich
- Beschichten der Wandflächen im Innenbereich
- Einräumen der Halle/Aufräumen des Arbeitsplatzes

EINFÜHRUNG IN BETRIEBLICHE GEGEBENHEITEN

Bevor Sie mit der Arbeit beginnen können, werden Sie von Ihrem Ausbilder unterwiesen.

Leistungsbeschreibung

Pos. 1 Sicherheitskennzeichnung am Arbeitsplatz
Pos. 2 Gefahrenpiktogramme
Pos. 3 Persönliche Schutzausrüstung
Pos. 4 Umgang mit Strom

Pos. 1 Sicherheitskennzeichnung am Arbeitsplatz

Aufgabe 1

Sie erhalten eine betriebliche Unterweisung. Dabei werden Sie mit verschiedenen Zeichen konfrontiert. Recherchieren Sie die Bedeutung der jeweiligen Zeichen und tragen Sie diese in die Tabelle ein.

Gebotszeichen	Bedeutung

Rettungszeichen	Bedeutung

Warnzeichen	Bedeutung

Verbotszeichen	Bedeutung

Brandschutzzeichen	Bedeutung

Aufgabe 2

Notieren Sie allgemein Form und Farbe der jeweiligen Zeichen.

Zeichen	Form	Farbe
Gebotszeichen		
Rettungszeichen		
Warnzeichen		
Verbotszeichen		
Brandschutzzeichen		

Pos. 2 Gefahrenpiktogramme

Aufgabe 3

Maler und Lackierer arbeiten mit gefährlichen Stoffen. Gefahrenpiktogramme kennzeichnen Gefahrstoffe und geben Hinweise auf die Gefahren.

a) Ergänzen Sie mithilfe der folgenden Begriffe den Lückentext:

- Gesundheitsgefahr
- gewässergefährdend
- giftig
- unter Druck
- Reizungen
- entzündlich
- chronische Krankheiten
- Sauerstoff
- Ohnmacht
- ätzend
- explosiv

b) Ordnen Sie jeweils eine Verhaltensweise zu, die vor den jeweiligen Gefahren schützt.

Gefahren-piktogramm	Lückentext	Zuordnung	Verhaltensweisen
	Stoffe, die mit diesem Zeichen gekennzeichnet sind, sind ______________.		Von brennbaren Stoffen fernhalten!
	Hiermit werden ______________ Flüssigkeiten gekennzeichnet.		Nicht rauchen!
	Stoffe mit diesem Zeichen wirken oxidierend. Das heißt, dass sie z. B. einen Brand verschlimmern, da sie ihm ______________ zuführen.		Vor Zündquellen schützen!
	Dieses Piktogramm weist darauf hin, dass Gase ______________ stehen.		Behälter nicht erwärmen!
	Stoffe mit diesem Zeichen wirken ______________. Dabei besteht Gefahr für Augen und Haut sowie für Metalle.		Atemschutz tragen!
	Dieses Piktogramm weist darauf hin, dass der Stoff ______________ ist und ein Kontakt zum Tode führen kann.		Handschuhe und Schutzbrille tragen!
	Das Ausrufezeichen weist auf akute Gefahren hin, die von diesem Stoff ausgehen. Dies können ______________ an Augen und Atemwegen sein, aber auch eine ______________ ist möglich.		Kontakt mit dem Stoff vermeiden. Handschuhe tragen, Atemschutz nutzen.
	Hier besteht ______________. Stoffe mit diesem Zeichen können Krebs auslösen, das Erbgut verändern oder zu anderen ______________ führen.		Nicht in die Umwelt bringen.
	Stoffe mit diesem Zeichen sind giftig oder sehr giftig für Wasserorganismen. Man spricht dann auch von ______________.		Nach Möglichkeit diesen Stoff durch einen weniger gefährlichen Stoff ersetzen.

Pos. 3 Persönliche Schutzausrüstung

Aufgabe 4

Erklären Sie den Sinn und Zweck einer Betriebsanweisung.

Aufgabe 5

Wo können Sie in einer Betriebsanweisung nachlesen, ob eine persönliche Schutzausrüstung für eine bestimmte Tätigkeit erforderlich ist?

Aufgabe 6

Ein Geselle bittet Sie, ihm die passende persönliche Schutzausrüstung für Lackierarbeiten als Handanstrich mit lösemittelhaltigem Alkydharzlack zusammenzusuchen.

a) Welche Handschuhe sind für diese Arbeit geeignet?

b) Welcher Atemschutz ist für diese Arbeit geeignet?

c) Welchen Kennbuchstaben und welche Farbe muss ein Filter haben, wenn mit Ammoniak gearbeitet wird?

Pos. 4 Umgang mit Strom

Aufgabe 7

Ein Mitarbeiter nutzt zur Verlängerung der Stromquelle eine Kabeltrommel, die er nur teilweise abgerollt hat. Als Ihr Chef das sieht, zieht er den Stecker. Warum?

Aufgabe 8

Bei Arbeiten im Außenbereich darf nicht jede Kabeltrommel verwendet werden. Die Anschlüsse müssen spritzwassergeschützt sein. Zeichnen Sie das Symbol für „spitzwassergeschützt“ auf.

Aufgabe 9

Sie entdecken eine Handbohrmaschine mit einem defekten Elektrokabel. Dürfen Sie das Gerät noch benutzen? Begründen Sie Ihre Antwort.

Aufgabe 10

Bei der Überprüfung der elektrischen Handschleifgeräte fällt Ihnen auf, dass alle Geräte mit einem VDE- und/oder GS-Zeichen gekennzeichnet sind. Erklären Sie die Bedeutung dieser Kennzeichnung.

EINRICHTEN DES ARBEITSPLATZES IM AUSSENBEREICH

Für die Beschichtung des KS-Mauerwerks im Außenbereich soll die Fassade eingerüstet werden. Hierbei sollen Sie helfend zur Seite stehen. Sie sollen außerdem für die notwendigen Abklebe- und Abdeckarbeiten sorgen und Materialien und Werkzeuge zusammenstellen.

Leistungsbeschreibung

Pos. 1 Fassade nach behördlichen Vorschriften einrüsten
Pos. 2 Abdeckarbeiten vornehmen
Pos. 3 Materialien und Werkzeuge zusammenstellen

Pos. 1 Fassade nach behördlichen Vorschriften einrüsten

Aufgabe 11

Erklären Sie mit eigenen Worten die genannten Grundregeln für den Umgang mit Leitern.

Anlegeleitern

Grundregel	Erklärung
Es darf nur wenig Werkzeug und Material auf die Leiter mitgenommen werden. Leitern sind kein Gerüstersatz.	
Holzleitern dürfen nicht deckend beschichtet werden.	
Bei Anlegeleitern ist ein Anlegewinkel von 65°–75° einzuhalten.	
Standleitern sind nur auf befestigtem Untergrund aufzustellen.	

Stehleitern

Grundregel	Erklärung
Von Stehleitern darf nicht auf Bauteile oder Gerüste umgestiegen werden.	
Die Spreizsicherung muss beim Aufstellen gespannt sein.	
Stehleitern dürfen nicht als Anlegeleitern benutzt werden.	
Die obersten Sprossen einer Stehleiter dürfen nicht betreten werden.	

Aufgabe 12

Vervollständigen Sie die Tabelle: Benennen Sie die Rahmengerüstteile und tragen Sie die zugehörige Funktion ein. Ordnen Sie den Teilen außerdem ihren richtigen Platz im Gerüst zu, indem Sie die Ziffern aus der nachfolgenden Abbildung eintragen.

	Gerüstteile	Funktion
2		
		Er dient als Arbeitsplatz und trägt das Material und muss daher sehr stabil sein.
		Dieses Gerüstteil verhindert das Herabfallen von abgelegten Gegenständen.
4		
		Dieses Element ist die seitliche Begrenzung eines Gerüstfeldes.
6		
		Dieses Teil verstärkt die vorhandenen Gerüstfelder und verhindert somit ein Verschieben des Gerüstes.

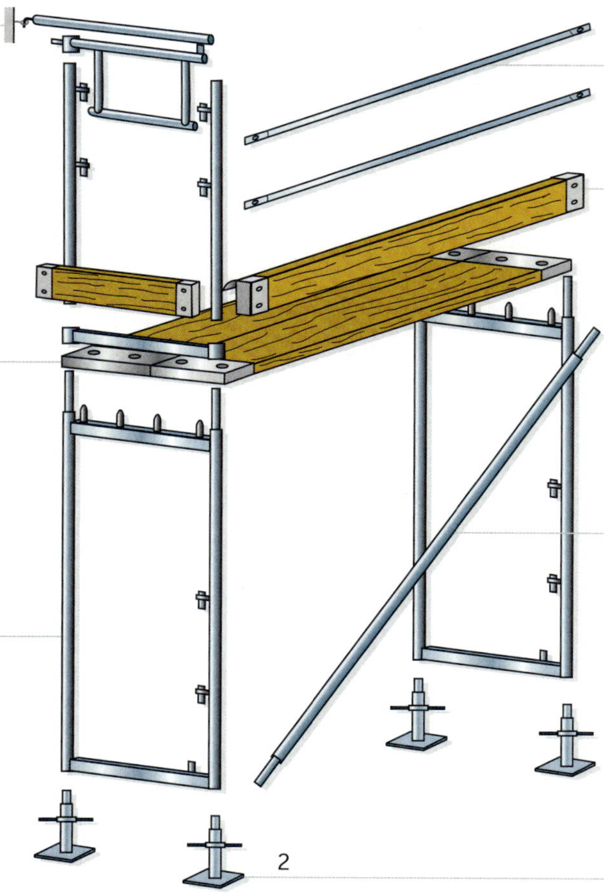

Aufgabe 13

Beurteilen Sie die nachfolgenden Bilder im Hinblick auf Unfallgefahren und Sicherheitsregeln.

Pos. 2 Abdeckarbeiten vornehmen

Aufgabe 14

Der Boden um die Halle soll von außen einmal ringsherum mit einem Vlies abgedeckt werden. Das Abdeckvlies hat eine Breite von 1,25 m.

a) Berechnen Sie mithilfe des Umfangs die theoretisch benötigte Menge an Abdeckvlies in Metern.

b) Warum reicht diese Menge nicht aus? Erstellen Sie als Begründung eine Skizze, in der Sie das Vlies ringsherum in der Bemaßung berücksichtigen.

c) Überschlagen Sie, wie viel Vlies Sie tatsächlich für den Auftrag benötigen.

Aufgabe 15

Für diverse Tätigkeiten benötigen Sie einen Cutter. Sie wollen die stumpf gewordene Klinge Ihres Cutters abbrechen. Welche Gefahren bestehen dabei und wie vermeiden Sie diese?

Pos. 3 Materialien und Werkzeuge zusammenstellen

Aufgabe 16

Sie haben die Aufgabe, einige Werkzeuge und Hilfsmittel für die Beschichtung der Fassade zusammenzustellen. Welche Funktionen haben die abgebildeten Hilfswerkzeuge? Vervollständigen Sie die Tabelle.

Werkzeug und Hilfsmittel	Funktion
 Staubbesen	
 Abdeckvlies	
 Klebeband	
 Malerspachtel	
 Cutter	
 Heizkörperpinsel	

BESCHICHTEN DER WANDFLÄCHEN IM INNENBEREICH

Während Sie die Außenfassade für die auszuführenden Tätigkeiten vorbereitet haben, hat Ihr Kollege derweil im Innenbereich alles abgeklebt und so vorbereitet, dass Sie direkt mit dem Aufbau des Fahrgerüstes in der Halle weitermachen können. Anschließend sollen Sie die Wandflächen des Innenbereiches der Halle mit einer Kunststoffdispersionsfarbe in Weiß beschichten. Es handelt sich um ein Kalksandsteinmauerwerk, das vor einem Monat fertiggestellt wurde.

Leistungsbeschreibung

Pos. 1 Aufbau eines Fahrgerüstes
Pos. 2 Untergrundprüfungen durchführen
Pos. 3 Grundieren des Untergrundes
Pos. 4 Beschichtung ausführen

Pos. 1 Aufbau eines Fahrgerüstes

Aufgabe 17

Um die Wandflächen zu beschichten, soll ein Fahrgerüst aufgebaut werden. Welche wichtigen Regeln müssen beim Gebrauch beachtet werden? Kreuzen Sie an, ob die Nutzung des Gerüstes in den unten aufgeführten Situationen erlaubt oder nicht erlaubt ist, und begründen Sie Ihre Antwort.

Situation	erlaubt	nicht erlaubt
Da die Belagshöhe des Fahrgerüstes nur 1,10 m beträgt, hat der Geselle keinen Seitenschutz angebracht.		
Zwei der vier Rollen des Fahrgerüstes besitzen einen feststellbaren Bremshebel, damit das Gerüst gegen Wegrollen gesichert werden kann.		
Das Gerüst soll verschoben werden. Zwei Personen helfen dabei und verschieben das Gerüst diagonal zum neuen Standort.		
Während des Verfahrens bleibt der Geselle auf dem Gerüst stehen und hält sich gut fest.		

Situation	erlaubt	nicht erlaubt
Da das Gerüst nur 1,10 m hoch ist, verzichten Sie beim Aufbau auf einen extra angebrachten Aufstieg. Sie klettern ohne Hilfsleitern auf das Gerüst.		
Vor dem Verfahren des Gerüstes räumt der Geselle alle Werkzeuge und Materialien in die Mitte der Belagsfläche, nimmt sie aber nicht vom Gerüst.		
Der Auftraggeber überlegt, ob zur Verschönerung der Fassade Faschen um die Fenster angelegt werden sollen. Nun möchte er wissen, ob das Fahrgerüst auch außen verwendet werden darf. Das höchste Fenster der Fassade liegt bei 11,00 m.		

Pos. 2 Untergrundprüfungen durchführen

Wie würden Sie entscheiden?

Um die Saugfähigkeit des Untergrundes zu prüfen, benetzen Sie das Mauerwerk mit Wasser. Sie stellen fest, dass sich der Kalksandstein erst nach sehr langer Zeit etwas dunkler verfärbt, während die Fugen sehr schnell sehr dunkel werden. Was bedeutet das?

Aufgabe 18

Sie prüfen den Untergrund durch Augenschein, Benetzungsprobe mit Wasser und Kratzprobe im Mörtelbereich. Welche Maßnahmen müssen Sie treffen?

Beobachtung	Maßnahme	Wie und Womit?
Unterschiedlich saugender Untergrund		
Fester, nicht sandender Mörtel		
Leichte Verschmutzungen		
Gehärtete Mörtelspritzer auf dem Kalksandstein		

Pos. 3 Grundieren des Untergrundes

Auszug aus dem Technischen Merkblatt: Supergrund

Produktbeschreibung	Lösemittelfreies Grundiermittel auf Reinacrylatbasis Supergrund darf nicht mit anderen Materialien gemischt werden, da sonst die Grundierwirkung aufgehoben wird.
Anwendungsgebiete	Außen und innen. Zum Grundieren saugfähiger und sandender Untergründe wie mineralische Putze, Ziegel, Kalksandstein, Beton, Gasbeton
Packungsgröße	10 l
Verarbeitung	Streichen, Spritzen, Rollen
Reinigung der Werkzeuge	Nach Gebrauch mit Wasser reinigen
Verdünnung	Mit Wasser bis zu 50 %
Verbrauch	150 ml/m²
Trocknung	Je nach Temperatur und Luftfeuchtigkeit nach ungefähr 4 Std. überstreichbar

Aufgabe 19

Welche Funktion erfüllt die Grundierung in diesem Fall auf dem KS-Mauerwerk?

Aufgabe 20

Die Grundierung erscheint nach dem Auftragen farblos. Warum kann man dennoch die Grundierung nicht sofort überstreichen? Begründen Sie Ihre Antwort.

Aufgabe 21

a) Ermitteln Sie anhand des technischen Merkblattes den Verbrauch an Grundiermittel.
b) Überschlagen Sie die benötigte Menge an Grundiermittel für den gesamten Innenbereich der Halle (die Innenwände in den beiden Lagerräumen können vernachlässigt werden).
c) Das Grundiermittel kann bis zu 50 % verdünnt werden. Wie viele Kanister Grundiermittel werden benötigt, wenn man von einer maximalen Verdünnung ausgeht?

Pos. 4 Beschichtung ausführen

Auszug aus dem Technischen Merkblatt: Deckweiß

Produktbeschreibung	Lösemittelfreie, gut deckende Innenwandfarbe
Anwendungsgebiete	Kunststoffdispersionsfarbe für innen. Für Untergründe wie Raufaser, Putze, Ziegel, Kalksandstein, Beton usw. geeignet
Packungsgröße	5 l und 12,5 l
Verarbeitung	Streichen, Spritzen, Rollen; in der Regel 2x auftragen
Reinigung der Werkzeuge	Nach Gebrauch mit Wasser reinigen
Verdünnung	Mit Wasser bis zu 5 %
Verbrauch	130–140 ml/m² je Anstrich
Trocknung	Je nach Temperatur und Luftfeuchtigkeit nach ungefähr 2,5 Std. überstreichbar

Aufgabe 22

Sie haben soeben die Grundierung aller Wände abgeschlossen (Arbeitszeit: ca. 12 Std.), als Ihr Chef in die Halle kommt und von Ihnen wissen möchte, wann Sie mit der Montage der Hochregale weitermachen können, da er hierfür noch weitere Gesellen einplanen möchte. Er bittet Sie abzuschätzen, wie lange Sie noch mit den Beschichtungsarbeiten beschäftigt sein werden.

a) Wie oft müssen Sie die Wände mit der Dispersionsfarbe beschichten, um laut Herstellerangaben ein zufriedenstellendes Ergebnis zu erzielen?

b) Für die Montage der Hochregale müssen die Wände vollständig beschichtet und durchgetrocknet sein. In wie vielen Tagen können Sie mit der Montage der Regale beginnen? Überschlagen Sie anhand einer Tabelle die benötigte Zeit aller noch auszuführenden Arbeitsschritte samt Trocknungszeiten.

Wie würden Sie entscheiden?

Sie diskutieren mit einem anderen Auszubildenden darüber, ob es sinnvoll wäre, direkt nach der letzten Beschichtung das Gerüst abzubauen und alle Abdeckmaterialien zu entfernen und aufzuräumen, um so schon am nächsten Morgen mit der Montage der Regale beginnen zu können.

Welchen Standpunkt vertreten Sie? Begründen Sie Ihre Entscheidung.

Aufgabe 23

Zum Beschichten des Kalksandstein-Mauerwerks stehen folgende Auftragsarten zur Verfügung: Streichen, Spritzen, Rollen oder eine Kombination der Verfahren.
Jede Auftragsart hat unterschiedliche Eigenschaften und eignet sich deshalb mehr oder weniger für diese Arbeit. Benennen Sie stichpunktartig die Vor- und Nachteile der jeweiligen Auftragsverfahren und wählen Sie ein Beschichtungsverfahren aus.

	Vorteile	Nachteile
Streichen		
Rollen		
Spritzen		

Auswahl des Beschichtungsverfahrens:

Begründung:

Aufgabe 24

Welche Werkzeuge und Materialien benötigen Sie für die von Ihnen gewählte Auftragsart?

Werkzeuge	Ja oder nein	Begründung
Flächenstreicher/ Flachpinsel		
Heizkörperpinsel		
Farbroller klein/ Lammfell		
Farbroller klein/ Schaumstoff		
Abstreifgitter mit Eimer		
Bürsten		
Spritzpistole		

EINRÄUMEN DER HALLE/AUFRÄUMEN DES ARBEITSPLATZES

Nachdem die Halle innen und außen fertiggestellt wurde, kann das verwendete Werkzeug gesäubert und die Halle eingeräumt werden.

Aufgabe 25

Sie waschen die von Ihnen verwendeten Pinsel und Rollen aus. Der Geselle bittet Sie, auch seinen Ringpinsel von einem anderen Kundenauftrag auszuwaschen, mit dem er kleinere Lackierarbeiten mit Alkydharzlack durchgeführt hat. Beschreiben Sie die unterschiedlichen Reinigungsarten.

Pinsel und Rollen: Kunststoffdispersionsfarbe

Ringpinsel: Alkydharzlack

Aufgabe 26

Damit Sie Ihre frisch ausgewaschenen Rollen und Pinsel zum Trocknen auslegen können, müssen Sie erst einmal Platz schaffen und die bereits ausgewaschenen Rollen und Pinsel anderer Aufträge wieder einsortieren.
Wozu sind die unterschiedlichen Pinsel und Rollenwerkzeuge zu verwenden? Ordnen Sie zu.

Nr.	Werkzeug	Nr.	Funktion
A	Lammfellrolle	1	Zum Ziehen gerader Striche mithilfe eines Holzlineals
B	Heizkörperpinsel	2	Zum Einkleistern der Tapetenbahnen, zum Grundieren großflächiger mineralischer Untergründe mit Tiefgrund, zum flächigen Anstrich von reinen Silikatfarben
C	Strichzieher	3	Zur großflächigen Beschichtung von glatten und strukturierten Flächen, z. B. Putz, Strukturputz, Raufaser, Glasgewebe etc.; meist mit Dispersionen oder anderen wasserverdünnbaren Anstrichstoffen
D	Deckenbürste	4	Zum Lasieren von Holzbauteilen
E	Flachpinsel	5	Zum Beschneiden von Wand- und Deckenflächen und für die komplette Beschichtung kleinerer Flächen

Lösung:

A	B	C	D	E

Wie würden Sie entscheiden?

Der Geselle hat von seinem Auftrag außerdem zwei Kunststoffwalzen mitgebracht, mit denen er Alkydharzlack verarbeitet hat. Reinigen Sie diese Walzen wie oben beschrieben oder werden diese entsorgt?

Warum hat der Geselle, der die Epoxidharzbeschichtung des Bodens ausgeführt hat, das gesamte 2-K-Gebinde angemischt, obwohl er nur einen Teil verwendet hat?

Aufgabe 27

Jeweils eine der Aussagen zur Lagerung von Beschichtungsstoffen ist richtig. Entscheiden Sie.

- ☐ Kunststoffdispersionen müssen bei 20° C gelagert werden.
- ☐ Kunststoffdispersionsfarben müssen kühl und frostfrei lagern.

- ☐ Kunststoffdispersionen können schimmeln.
- ☐ Kunststoffdispersionen sind mehrere Jahrzehnte haltbar.

- ☐ Man darf auch in Arbeitsräumen Gefahrstoffe wie brennbare Flüssigkeiten aufbewahren.
- ☐ In Arbeitsräumen dürfen keine brennbaren Flüssigkeiten gelagert werden.

- ☐ Es reicht, wenn man ein Lager für brennbare Flüssigkeiten vor Arbeitsbeginn 10 Minuten lang lüftet.
- ☐ Ein Lager für brennbare Flüssigkeiten muss belüftet sein.

- ☐ Das Essen, Trinken und Rauchen ist in einem Lager erlaubt.
- ☐ Das Essen, Trinken und Rauchen ist in einem Lager verboten.

KUNDENAUFTRAG

Herr Keidel erteilt Ihrer Malerfirma den Auftrag, verschiedene Erstbeschichtungsarbeiten an seinem Einfamilienhaus mit freistehender Garage auszuführen.

Objektbeschreibung

Putzflächen der Fassade:	schadenfreier 3 mm Kratzputz
Fassadenverkleidung:	Holzverkleidung an der Süd- und Westfassade
Dachüberstand:	Dachüberstand mit Holz verkleidet
Garagentor:	neues Kunststoffgaragentor in unpassendem Farbton

Auszuführende Arbeiten

- Beschichten der Putzflächen
- Beschichten der Holzverkleidung und des Dachüberstandes
- Beschichtung des Kunststoffgaragentors

Ansichten der Nord- und Südseite

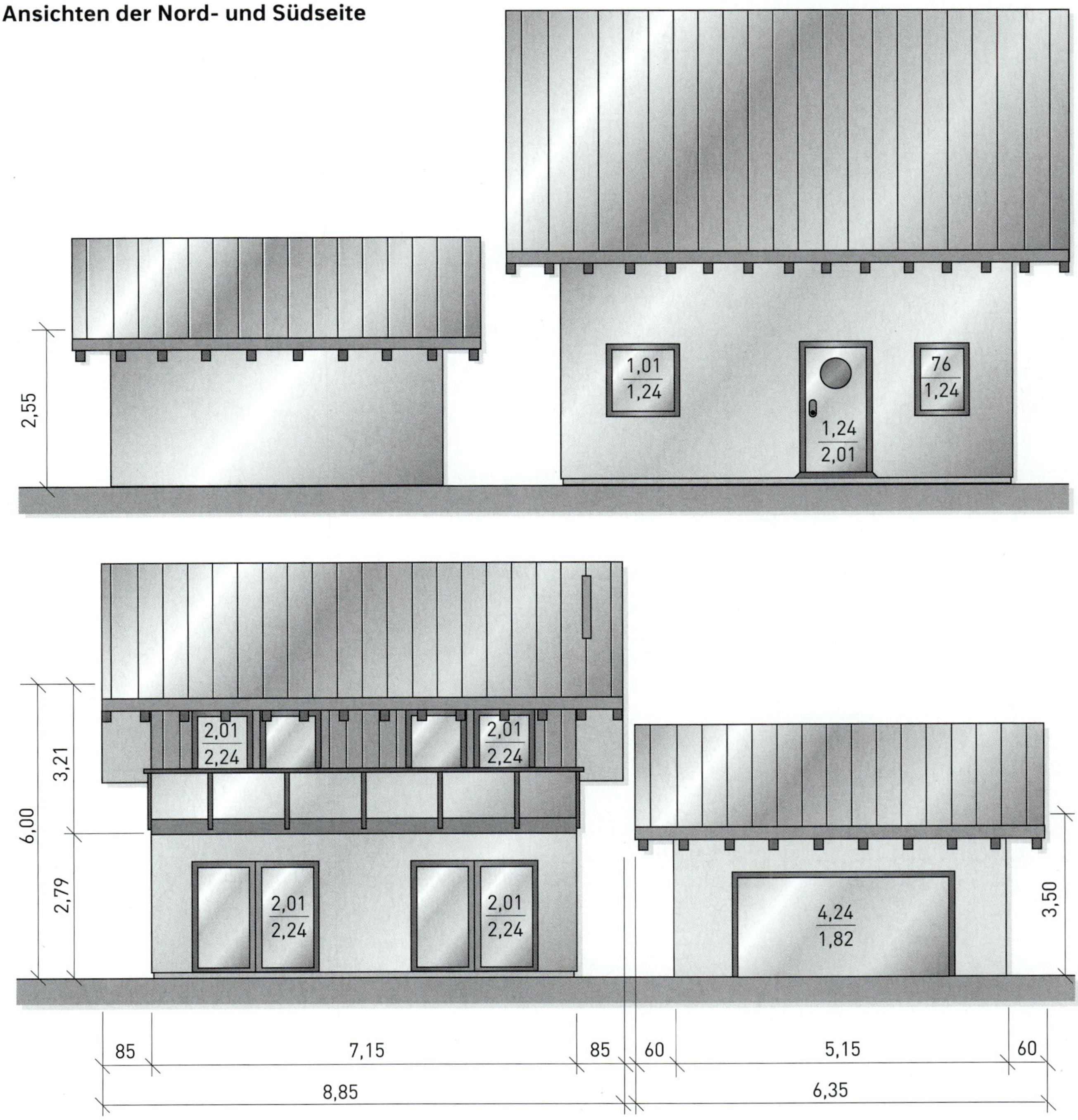

Ansichten der West- und Ostseite

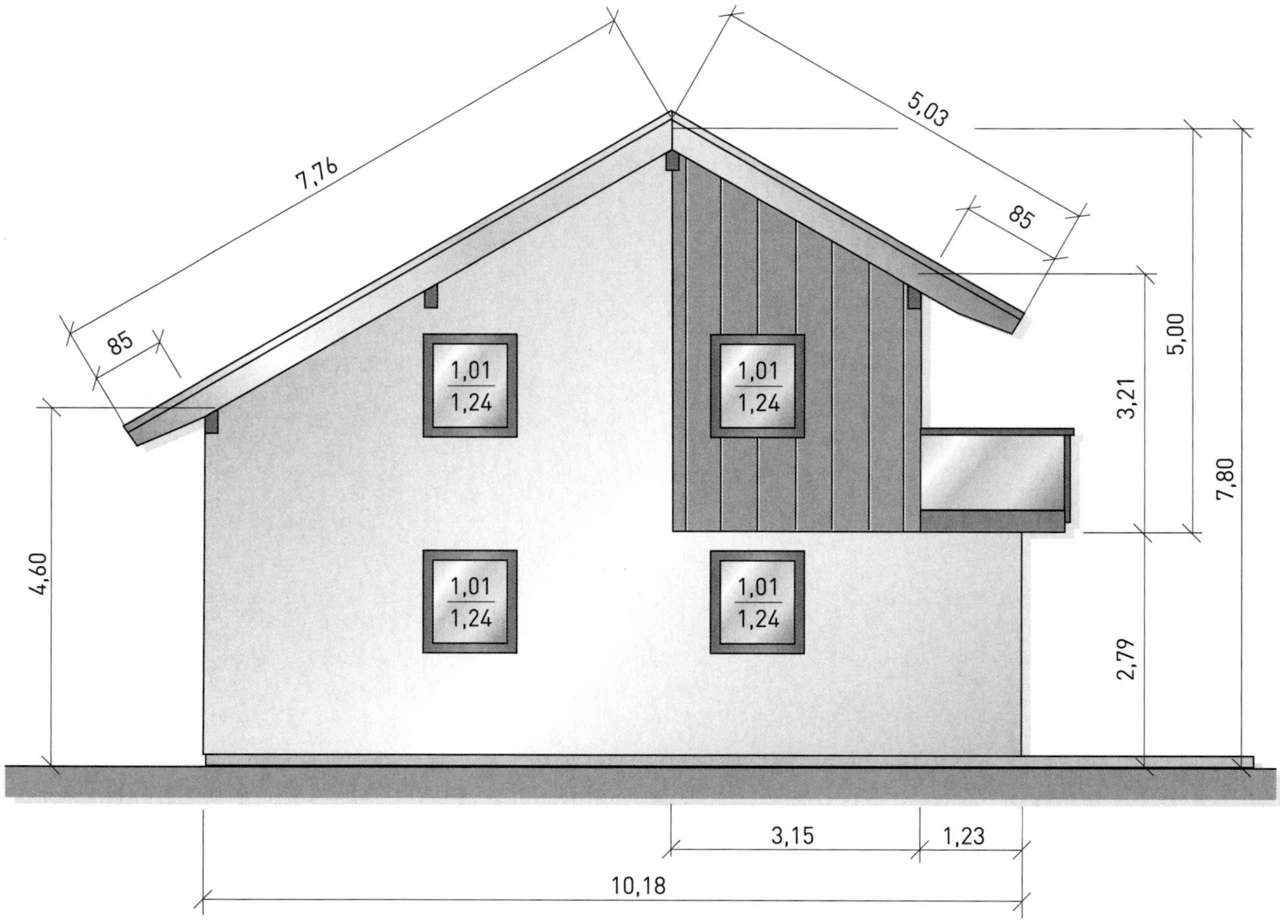

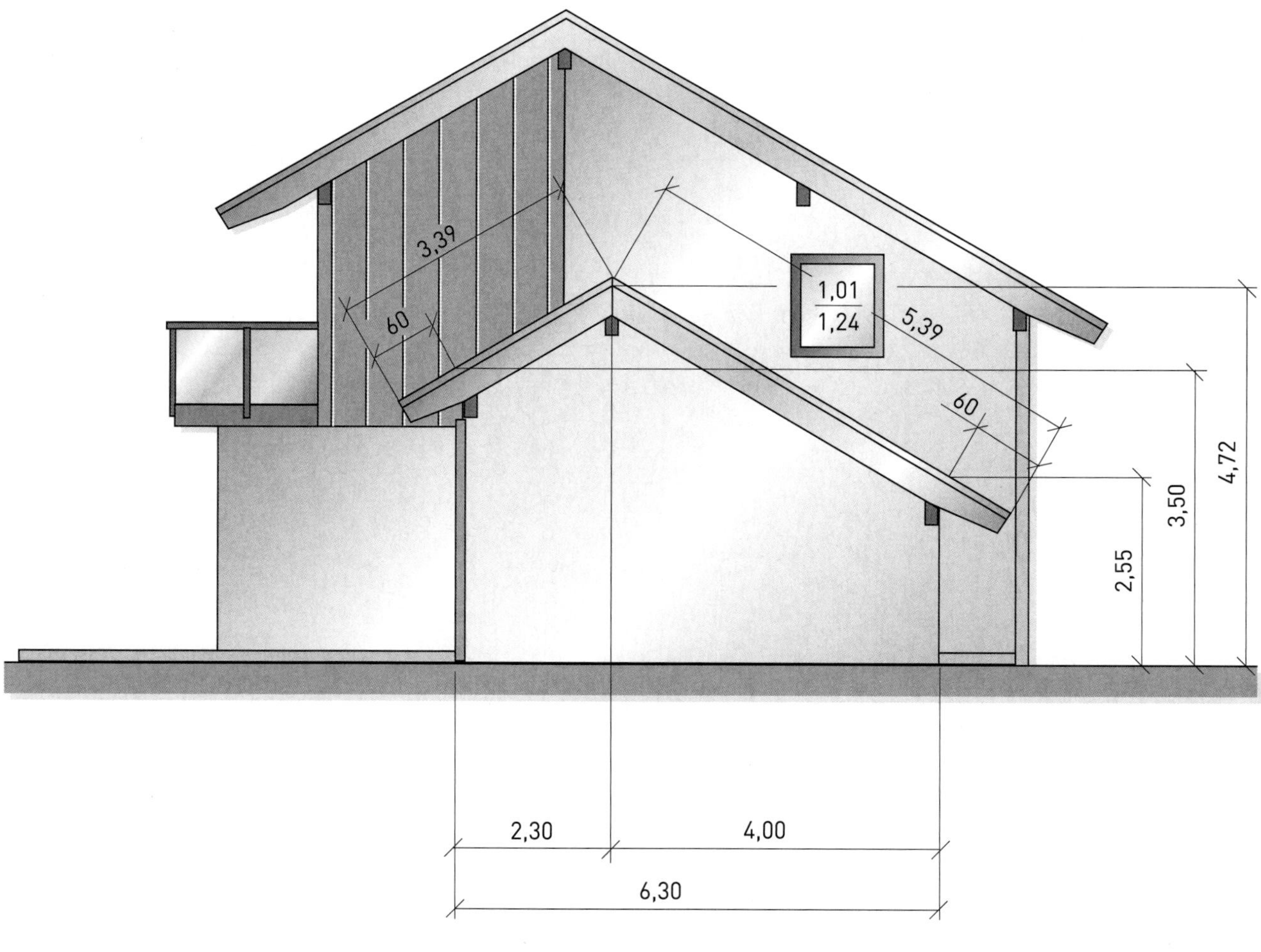

BESCHICHTEN DER PUTZFLÄCHEN

Die verputzte Fläche des Hauses inklusive der Garage soll beschichtet werden.

Der 3 mm starke Kratzputz wurde vor mehreren Wochen aufgebracht und soll mit einer Dispersionsfarbe im Farbton „Seidengrau“ beschichtet werden.

Leistungsbeschreibung

Pos. 1 Untergrund prüfen
Pos. 2 Vorbereiten und Grundieren der Fassade
Pos. 3 Endbeschichten der Fassade mit Dispersionsfarbe

Pos. 1 Untergrund prüfen

Aufgabe 1

Ergänzen Sie in der folgenden Tabelle die Spalten Mörtelart und Einsatzgebiete.
Nutzen Sie dazu die Informationen aus dem Fachbuch.
Beurteilen Sie anschließend die Eigenschaften der Putzmörtelgruppen hinsichtlich der Saugfähigkeit, Festigkeit und Wasserdampfdurchlässigkeit.
Tragen Sie diese stichpunktartig ein.

Putzmörtelgruppe	Mörtelart	Einsatzgebiete	Eigenschaften
P I			
P II			
P III			
P IV			

Aufgabe 2

Einige wichtige Untergrundprüfungen sind mit einfachen Methoden durchzuführen.
Vervollständigen Sie die nachstehende Tabelle der baustellenüblichen Prüfungen.
Nutzen Sie dazu die Informationen aus dem Fachbuch sowie Erfahrungen aus der Praxis.

Prüfung auf	Methode	Erkennung	Maßnahmen
Feuchtigkeit			Bei Feuchteschäden ist die Ursache zu beseitigen. Die betroffenen Bereiche müssen ausreichend trocknen.
Hohllagen	Abklopfen	Klingt hohl beim Klopfen	Ausbessern
	Ritzen mit einem Messer, Abreiben mit der Hand		Schon bei geringem Abrieb ist der Untergrund mit einer festigenden Grundierung zu behandeln. Bei starkem Abrieb sollten lose Teile entfernt und erneuert werden.
Saugfähigkeit und Sinter-schichten		Wasser dringt nicht oder nur sehr langsam in die Oberfläche oder perlt ab. Sinterschichten sind glatt und glänzend.	Die Ursachen, wie z. B. Trenn- und Sinterschichten, sind zu beseitigen.
Risse			Die Risse müssen nach Form und Breite beurteilt werden. Gegebenenfalls müssen Ursache und Schadensbild beseitigt werden.

Experiment – Kapillarität

Verschließen Sie wie in der Abbildung links mit einem Stück Stoff je ein Ende von drei Glaskolben.
Stellen Sie dann die Glaskolben in eine Glaswanne oder Kunststoffschale.
Befüllen Sie

- Glaskolben 1 mit feinem Sand,
- Glaskolben 2 mit groben Sand und
- Glaskolben 3 mit Kies.

Füllen Sie im Anschluss die Glaswanne mit Wasser.

Beobachten Sie die Vorgänge und beurteilen Sie die Saugfähigkeit in den Glaskolben.

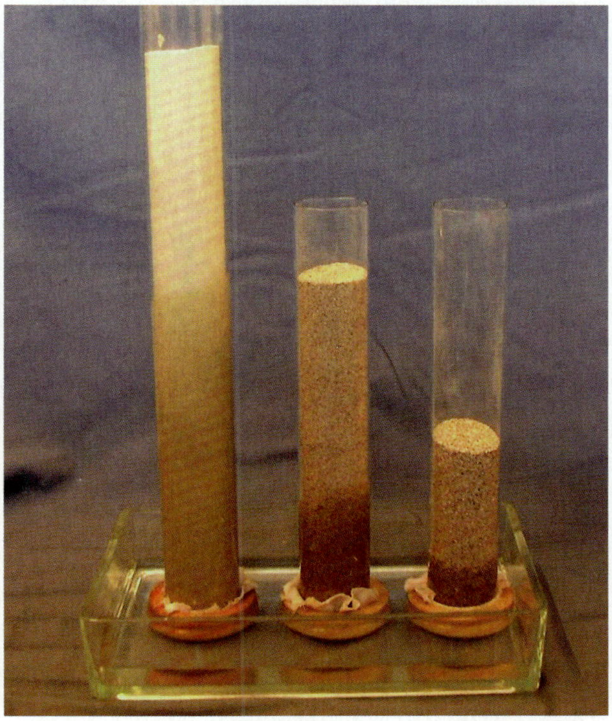

Beobachtung:

Deutung:

Pos. 2 Vorbereiten und Grundieren der Fassade

Aufgabe 3

Wie muss der Untergrund laut Technischem Merkblatt beschaffen sein, um beschichtet zu werden?

Technisches Merkblatt

Vorher-Farben
Fassadengrundierung

Produktbeschreibung	Grundierung auf Kunststoff-Dispersionsbasis, pigmentiert
Eigenschaften	verseifungsstabil, frei von organischen Lösemitteln
Anwendungsgebiete	Die Grundbeschichtung ermöglicht eine gleichmäßige Saugfähigkeit von mineralischen Untergründen wie Putz oder Beton und verbessert somit das Endergebnis der Beschichtung. Die Vorher-Farbe eignet sich besonders bei stark unterschiedlich saugenden Untergründen und führt zu einer Egalisierung der Saugfähigkeit.
Dichte	1,3 kg/l
Verbrauch	0,12 – 0,18 l/m²
Verdünnung	Wasser
Untergrundvorbereitung	Der Untergrund muss sauber, trocken und tragfähig sein. Absandende und lockere Stellen sowie schlecht haftende Altbeschichtungen müssen entfernt werden.
Verarbeitungsart	Streichen, Rollen

Aufgabe 4

a) Wie viele laufende Meter Abdeckvlies brauchen Sie rein rechnerisch, wenn Sie das Haus ringsherum abdecken wollen?

b) Warum reicht das rein rechnerische Ergebnis in der Praxis nicht aus, um das Haus ringsum abzudecken?

c) Wie viele Meter Abdeckvlies würden Sie mit zur Baustelle nehmen?

d) Berechnen Sie den Verbrauch der Grundierung für die Putzflächen. Benutzen Sie dazu die Ansichten des Hauses sowie die Angaben aus dem Technischen Merkblatt. Beachten Sie dabei bitte die Aufmaßregeln der VOB.
Die Tiefe der Fensternischen beträgt 0,15 m. Die Grundierung ist in 5-Liter- und 10-Liter-Eimern erhältlich. Wie viele und welche Gebinde würden Sie mitnehmen?

e) Wie viele laufende Meter Abdeckvlies benötigen Sie, wenn Sie die Garage ringsherum abdecken wollen?

f) Berechnen Sie den Verbrauch an Grundierung für die Putzflächen der Garage. Welche Gebindegröße würden Sie mitnehmen?

Pos. 3 Endbeschichten der Fassade mit Dispersionsfarbe

Aufgabe 5

Welche zwei grundlegenden Funktionen übernimmt eine Fassadenbeschichtung?

Aufgabe 6

Um eine Fassade fachgerecht zu beschichten, muss Nass in Nass gearbeitet werden.
Erläutern Sie die Bezeichnung „Nass in Nass".

Aufgabe 7

Wie ordnen Sie die Maler auf dem Gerüst an, um Nass in Nass, ansatzfrei arbeiten zu können.
Entscheiden Sie, bei welchem Beispiel ansatzfrei gearbeitet wird. Begründen Sie Ihre Antwort und beschreiben Sie dabei die Abläufe auf dem Gerüst.

Bild 1

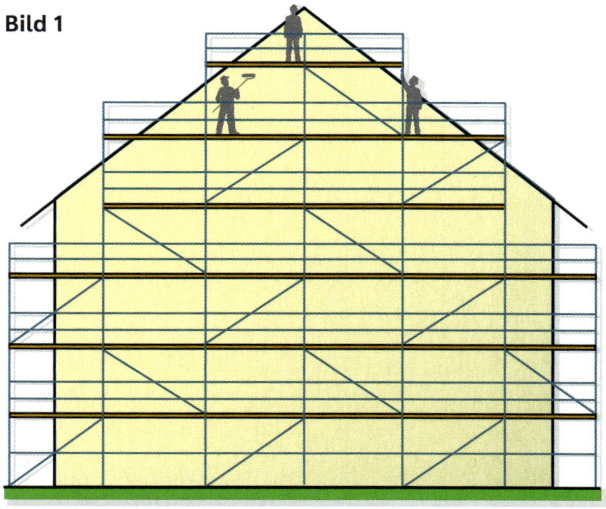

Bild 2

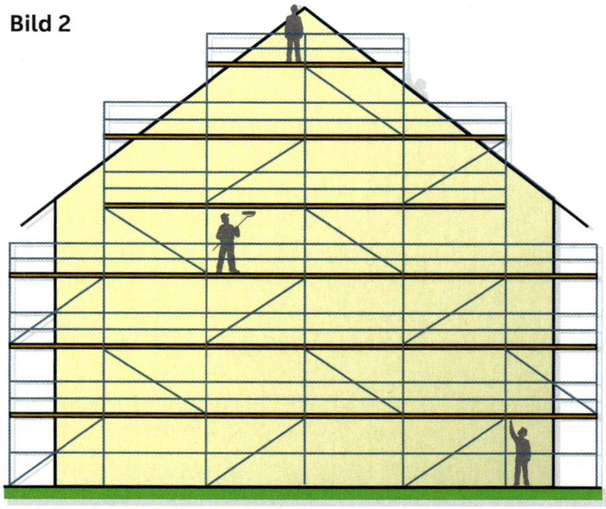

Wie würden Sie entscheiden?

Es verspricht ein sonniger Tag zu werden. Arbeitsbeginn ist um 7 Uhr. Der Geselle schlägt vor, die Südseite zuerst zu bearbeiten. Warum? Erklären Sie die Entscheidung.

Aufgabe 8

Sie verbrauchen 250 ml/m² Fassadenfarbe. Wie viel verbrauchen Sie für die gesamte Putzfläche (Haus und Garage)?

BESCHICHTEN DES DACHÜBERSTANDES UND DER HOLZVERKLEIDUNG

Der Dachüberstand soll mit einer deckenden Beschichtung in Lichtgrau versehen werden.
Der Dachüberstand aus Kiefernholz ist in Nut- und Federbauweise verkleidet und mit einem Holzschutzgrund versehen.
Die Holzverkleidung an der Süd- und Westfassade soll mit einer Lasur beschichtet werden. Das Kiefernholz ist werksseitig mit einer Holzschutzlasur versehen.

Leistungsbeschreibung

Pos. 1 Untergrund prüfen
Pos. 2 Vorbereiten der Untergründe
Pos. 3 Beschichten mit Alkydharzlack
Pos. 4 Beschichten mit Lasur nach DIN 18363

Pos. 1 Untergrund prüfen

Aufgabe 9

Erklären Sie kurz die Durchführung einer elektrischen Holzfeuchtemessung.

Aufgabe 10

Notwendige Untergrundprüfungen an neu zu beschichtenden Holzoberflächen sind mit einfachen Mitteln durchzuführen.
Vervollständigen Sie die nachstehende Tabelle der baustellenüblichen Prüfungen.
Nutzen Sie dazu die Informationen aus dem Fachbuch sowie Ihre Erfahrungen aus der Praxis.

Prüfung auf	Methode	Erkennung	Maßnahmen
Holzfeuchte			Trocknen lassen, bis zulässige Feuchte erreicht ist
		Blaue bis schwarze Verfärbung	
Scharfe Kanten und Profile	Augenschein, Fühlen		
Lose Äste (Astlöcher)			Entfernen, mit 2K-Spachtel füllen oder dübeln (lassen)

Pos. 2 Vorbereiten der Untergründe

Aufgabe 11

Bevor ein Holzuntergrund beschichtet werden kann, muss er meist geschliffen werden.
Welche Funktionen hat das Schleifen?

Aufgabe 12

a) Der Auszubildende benötigt für 3 m² Schleifen des Dachüberstandes 30 Minuten. Wie viele Stunden braucht er für die gesamte Fläche am Haus und der Garage? Die Abmessungen können Sie den Hausansichten am Anfang des Lernfeldes entnehmen.

Folgende Maße sind zusätzlich erforderlich:

Pfetten:	Breite:	0,12 m
	Höhe:	0,12 m
	Tiefe:	0,60 m
Sparren:	Breite:	0,08 m
	Höhe:	0,20 m

b) Er verbraucht drei Blatt Schleifpapier für 10 m^2 Fläche. Wie viel Blatt benötigt er für die gesamte Fläche?

Aufgabe 13

Welche Probleme können auftreten, wenn eine Fläche vor der Beschichtung nicht ordnungsgemäß abgestaubt wird? Erklären Sie die Problematik mithilfe der Zeichnungen.

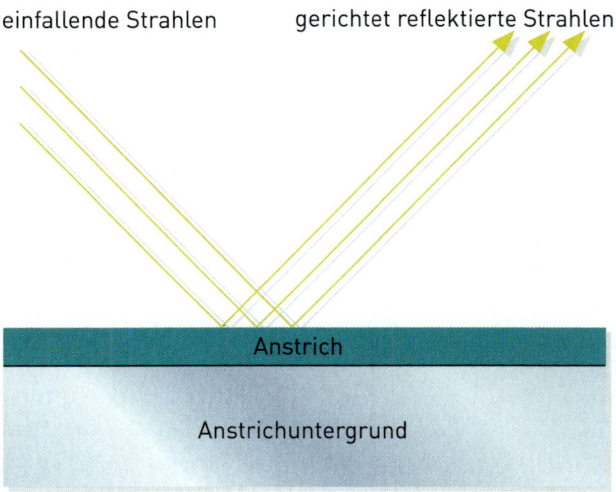

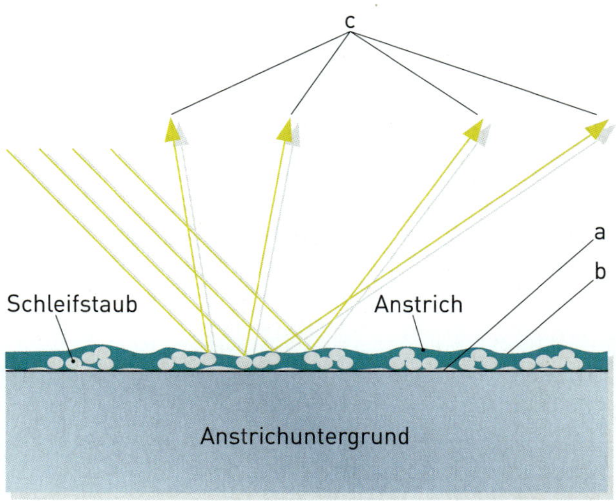

Pos. 3 Beschichten mit Alkydharzlack

Aufgabe 14

a) Sie verbrauchen bei der Grundierung 80 ml/m². Wie viel verbrauchen Sie insgesamt?

b) Bei der Zwischenbeschichtung verbrauchen Sie 90 ml/m² und bei der Schlussbeschichtung 10 % weniger. Wie viel verbrauchen Sie insgesamt bei beiden Arbeitsgängen?

Experiment – Quellen von Holz

Steckverbindungen aus unterschiedlichen Holzarten werden in Einzelteilen in ein Wasserbad gelegt.
Nach einiger Zeit werden die Holzteile herausgenommen und erneut zusammengesteckt.
Notieren Sie Ihre Beobachtungen und deuten Sie die Vorgänge.

Beobachtung:

Deutung:

Was bedeuten die Ergebnisse in Bezug auf den Kundenauftrag?

Experiment – Unterschiedliches Saugverhalten von Holz

Beträufeln Sie Holz einmal längs zur Faserrichtung und einmal quer zur Faserrichtung mit Wasser und beurteilen Sie das Saugverhalten.

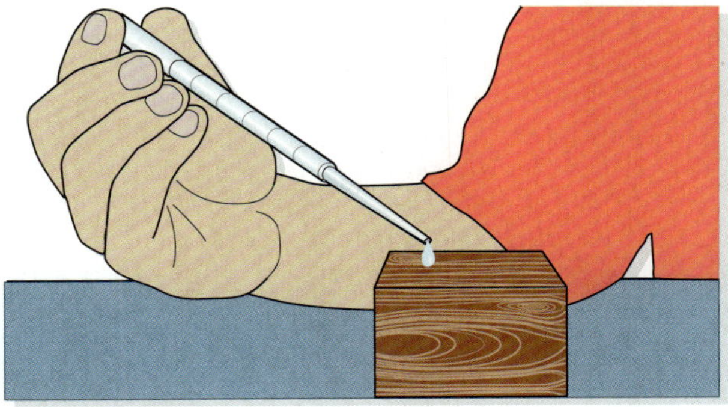

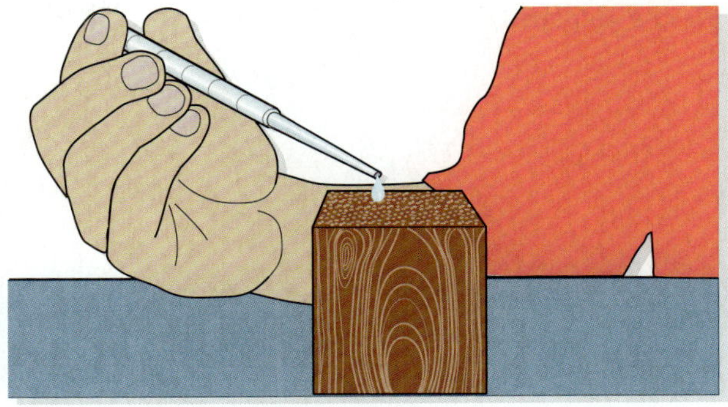

Beobachtung:

Deutung:

Wie würden Sie entscheiden?

Die zu beschichtende Holzverkleidung neigt zum Harzausfluss. Zur Beschichtung stehen Ihnen folgende Lasur-Farbtöne zur Verfügung: Kiefer (hell); Ebenholz (dunkel); Eiche (hell und dunkel); Nussbaum (mittelbraun).
Welchen Farbton wählen Sie aus? Begründen Sie Ihre Entscheidung.

Experiment – Falsches Schleifen

Eine Holzlatte wird entgegen der Faserrichtung geschliffen und anschließend lasiert.
Beurteilen Sie den optischen Eindruck.

Pos. 4 Beschichten mit Lasur nach DIN 18363

Aufgabe 15

Welche Aufgaben hat eine Beschichtung auf Holz?

Wie würden Sie entscheiden?

Der Kunde möchte behilflich sein und fragt, ob er die Alkydharzpinsel im Waschbecken auswaschen soll.
Was sagen Sie als Fachmann dazu?

Aufgabe 16

a) Das 5-Liter-Lasurgebinde ist nur noch 11 cm hoch gefüllt.
Errechnen Sie, wie viel Beschichtungsmaterial noch vorhanden ist.

5-Liter-Gebinde

b = 19 cm
h = 11 cm

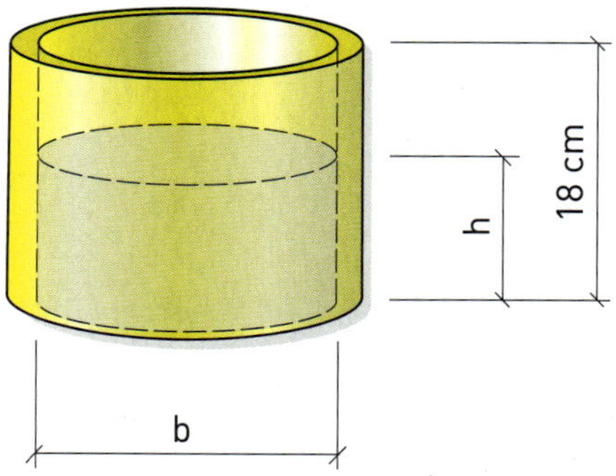

GESTALTEN DES KUNSTSTOFFGARAGENTORS

Das Garagentor soll beschichtet werden.

Das Garagentor aus Hart-PVC wurde als Sonderposten gekauft und passt farblich nicht zum Haus. Es soll daher genauso wie der Dachüberstand in Lichtgrau beschichtet werden.

Leistungsbeschreibung

Pos. 1 Untergrund prüfen
Pos. 2 Untergrund vorbereiten
Pos. 3 Beschichten des Garagentors

Pos. 1 Untergrund prüfen

Aufgabe 17

Um festzustellen, ob das Garagentor als Beschichtungsuntergrund dienen kann, müssen baustellenübliche Prüfungen vorgenommen werden.
Vervollständigen Sie die Tabelle unter Zuhilfenahme des Fach- und Tabellenbuchs.

Prüfung auf	Methode	Erkennung	Maßnahmen
Verschmutzungen		–	
Fette, Öle, Trennmittel	Benetzung mit Wasser		
	Wischen mit saugfähigem Papier		

Pos. 2 Untergrund vorbereiten

Aufgabe 18

Nennen Sie Gründe für den Einsatz von Kunststoffen.

Aufgabe 19

Vervollständigen Sie die Tabelle, indem Sie dem Kunststoff Kurzzeichen und Gruppe zuordnen.
Nennen Sie mögliche Anwendungsbereiche der jeweiligen Kunststoffe. Greifen Sie neben den Informationen aus dem Fach- und Tabellenbuch auf Ihre Erfahrungen aus der Praxis zurück.

Kunststoff	Kurzzeichen	Kunststoffgruppe	Verwendung
Polyvinylchlorid			
Epoxidharz			
Polymethylmethacrylat			
Acrylnitrilbutadienstyrol			
Polyethylen			
Polystyrol			

Aufgabe 20

Kunststoffe erhalten meist während der Produktion eine Pigmentierung. Warum werden sie dennoch vom Maler beschichtet? Nennen Sie mindestens drei Gründe und formulieren Sie ganze Sätze.

Experiment – Thermoplaste, Duromere

Achtung: Der Versuch muss unter dem Abzug stattfinden!
Eine Steckdose und ein Stück Plexiglas werden über einen Bunsenbrenner gehalten und langsam erhitzt. Versuchen Sie die Kunststoffe mit einer Tiegelzange zu verformen. Notieren Sie Ihre Beobachtungen und deuten Sie das Verhalten der Kunststoffe.

Aufgabe 21

Eine ammoniakalische Netzmittelwäsche besteht, neben einigen Tropfen Spülmittel, aus 10 l Wasser und 0,5 l einer 25 % Ammoniaklösung.

a) Ihnen stehen 8 l Wasser zur Verfügung. Wie viel Liter Ammoniaklösung (25 %) fügen Sie hinzu?

b) Sie haben nur noch 300 ml Ammoniaklösung. Wie viel Liter Wasser fügen Sie hinzu?

Aufgabe 22

Als Haftbrücke zwischen dem Kunststoff und dem Beschichtungsstoff wird eine 2K-Epoxidharz-Grundierung aufgebracht. Sie verbrauchen für die gesamte Fläche 0,772 kg, wie hoch ist der Materialverbrauch pro m^2 in g?

Materialverbrauch pro $m^2 = X$

$a = 4{,}24$ m; b = 1,82 m

$A = a \cdot b$

Aufgabe 23

Anschließend müssen Sie müssen das Garagentor zweimal beschichten und verbrauchen 40 ml/m^2. Wie viel Beschichtungsstoff verbrauchen Sie insgesamt?

Materialverbrauch = X

$a = 4{,}24$ m; $b = 1{,}82$ m

$A = a \cdot b$

KUNDENAUFTRAG

Der Eingangsbereich einer Lackierwerkstatt soll neu gestaltet werden. Dabei werden die neue Werkstatttür und die Stahlträger des Vordaches erst beschichtet. Die alte Tür einer Müllbox soll ebenfalls erstmalig beschichtet werden. Aus werbewirksamen Gründen soll ein neues Firmenschild gestaltet und angebracht werden.

Objektbeschreibung

Vordach:	neuer, unbeschichteter Stahl
Werkstatttür:	neue Tür aus feuerverzinktem Stahl
Mülltür:	unbeschichteter Stahl mit Schäden (stark verrostet)
Schild:	altes Emailleschild

Auszuführende Arbeiten

- Beschichten des Vordachs
- Lackieren der Werkstatttür
- Beschichten der Müllboxtür
- Gestalten und Lackieren eines neuen Firmenschildes

BESCHICHTEN DES VORDACHS

Die Träger des Vordachs sollen beschichtet werden. Sie bestehen aus unbeschichtetem Stahl.

Leistungsbeschreibung

Pos. 1 Abdecken der Wand- und Bodenfläche
Pos. 2 Untergrundvorbereitung
Pos. 3 Beschichtung

Pos. 1 Abdecken der Wand- und Bodenfläche

Aufgabe 1

Welche Materialien werden grundsätzlich zum Abdecken benötigt?

Pos. 2 Untergrundvorbereitung

Aufgabe 2

Die Meisterin hat Ihnen die Aufgabe erteilt, die Stahlträger anzuschleifen.

a) Ordnen Sie den folgenden mikroskopischen Aufnahmen die Schleifmittelbezeichnungen Schleifvlies, Schleifpapier und Schleifgewebe zu.

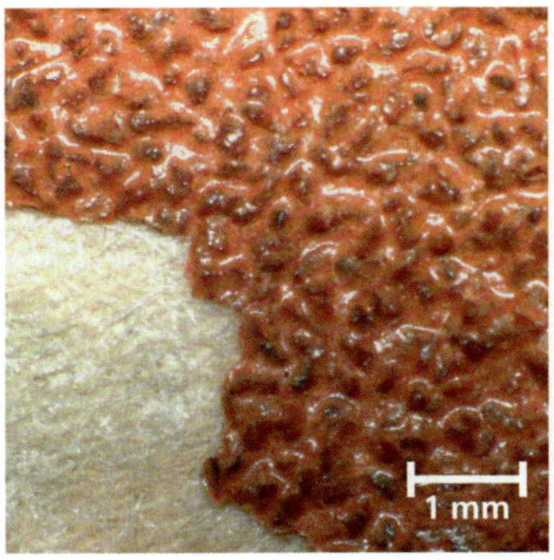

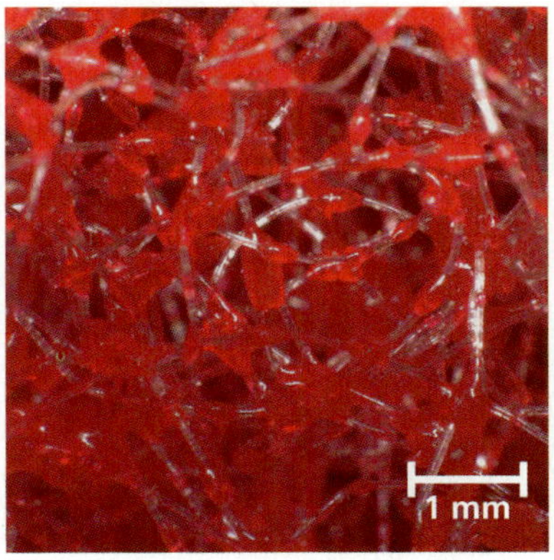

b) Welches Schleifmittel verwenden Sie für den Stahlträger?

c) Warum müssen die Stahlträger vor der Deckbeschichtung angeschliffen werden?

Aufgabe 3

Sie finden im Regal unterschiedliche Schleifpapiere. Auf der Rückseite stehen folgende Kennzeichnungen: P120, P40 und P400. Was bedeuten diese Kennzeichnungen und für welches Schleifpapier würden Sie sich entscheiden? Begründen Sie Ihre Antwort.

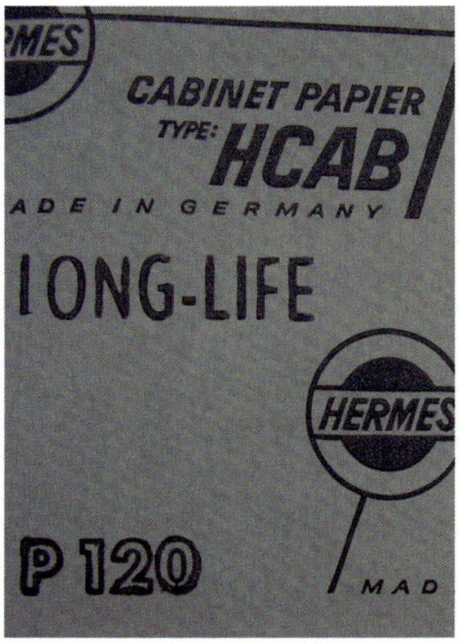

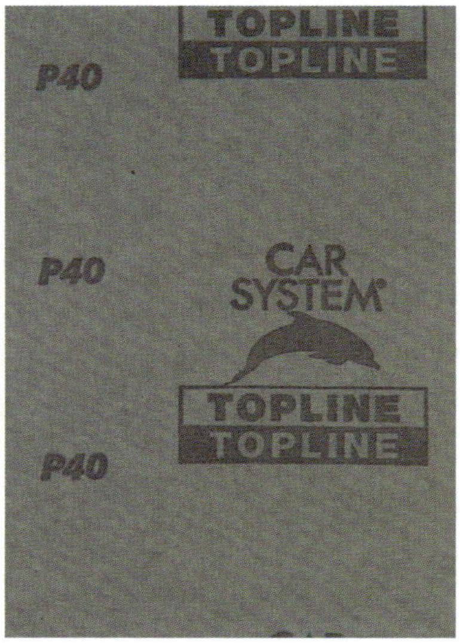

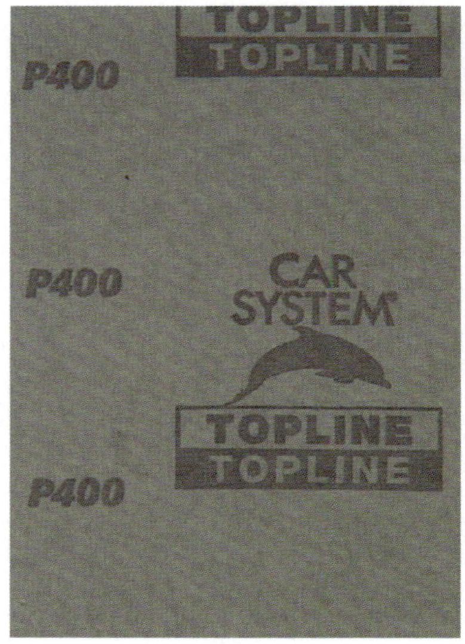

Aufgabe 4

Die Meisterin erzählt Ihnen, dass das Schleifpapier mit Aluminiumoxid besetzt ist.
Welche Eigenschaften dieses Schleifmittelmaterials sind Ihnen bekannt?
Vergleichen Sie diese mit anderen Schleifmittelmaterialien.

Experiment – Korrosion von Stahl

Benötigt werden drei Stahlplatten, Schleifpapier P120, drei Sprühflaschen, Wasser, Salz und eine Säure, z. B. Essigsäure oder Zitronensäure.

Füllen Sie die erste Sprühflasche mit Wasser, die zweite Flasche mit einer Salzwasserlösung (etwa zwei gehäufte Esslöffel Salz auf 500 ml Wasser) und die dritte Flasche mit der Säure. Starke Säuren verdünnen Sie bitte mit Wasser.

Schleifen Sie die Stahlplatten metallisch blank und benebeln Sie je eine Platte mit einer Flüssigkeit.
Lassen sie die Platten trocknen.
Dies kann mithilfe eines Trockenschrankes oder Föns beschleunigt werden.
Notieren Sie Ihre Beobachtungen und deuten Sie die Vorgänge.

Beobachtung:

Deutung:

Aufgabe 5

Nennen Sie Beispiele aus dem täglichen Leben, bei denen das im Experiment verdeutlichte Problem auftreten kann.

Aufgabe 6

a) Auf einem der Stahlträger des Vordachs ist der abgebildete Mangel zu erkennen. Benennen Sie diesen und beschreiben Sie seine Entstehung.

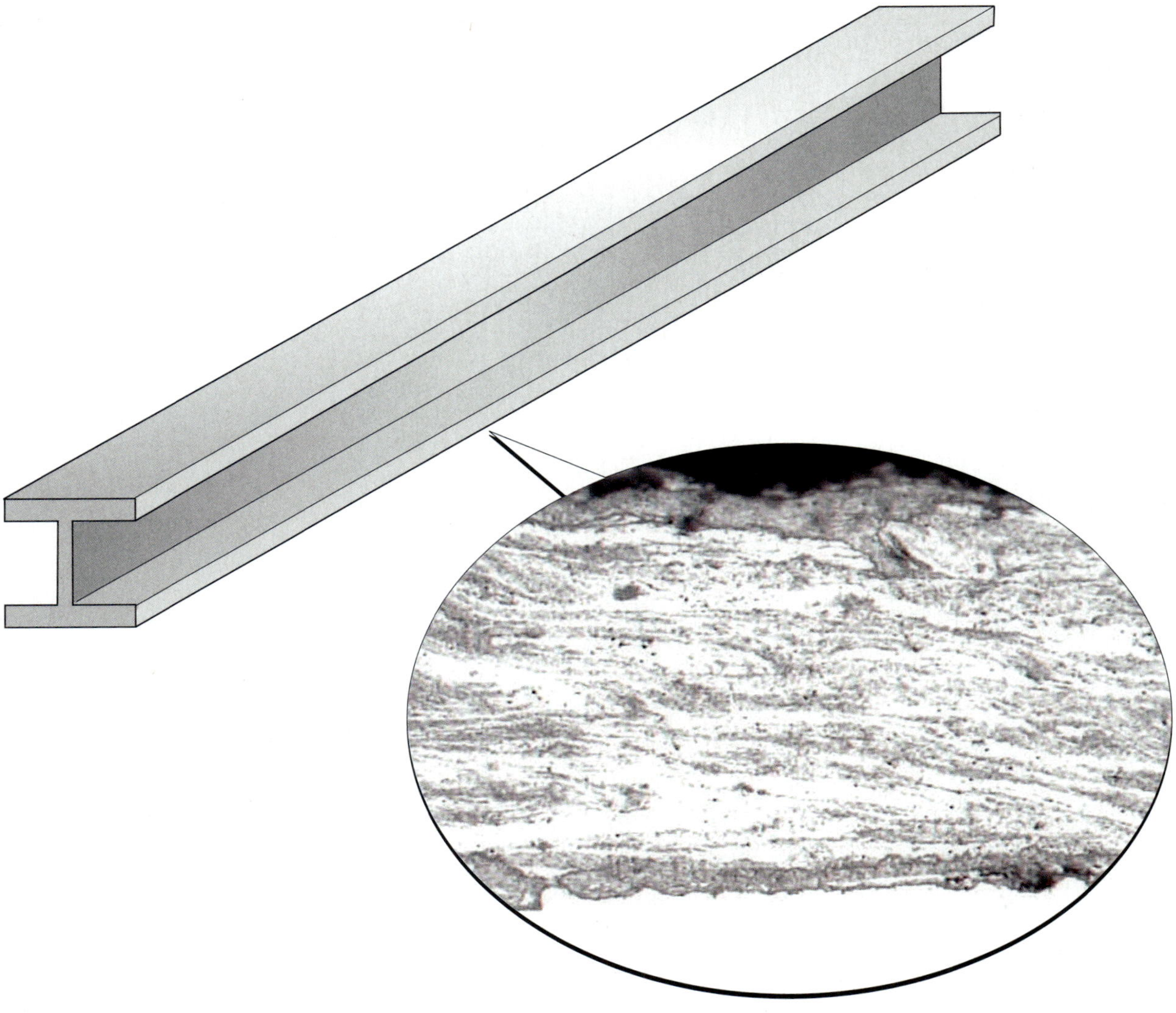

b) Auf dem Stahlträger ist der Rostgrad A, nach DIN EN ISO 8501-1, zu erkennen. Woran erkennen Sie einen Rostgrad B?

Pos. 3 Beschichtung

Aufgabe 7

Welche Bestandteile enthalten Lacke? Nennen Sie diese und erklären Sie kurz, welche Aufgabe sie im Lack haben. Vervollständigen Sie die Tabelle.

Bestandteil	Erklärung	Beispiel
	Sie sind im Lack enthalten, um die Verarbeitungskonsistenz herzustellen. Nach dem Auftrag sollen sie allerdings schnell, ohne Rückstände zu hinterlassen, verdunsten. Sie lösen und verdünnen die anderen Bestandteile im Lack, ohne ihre Eigenschaften zu verändern.	Wasser Terpentinersatz Nitroverdünnung Universalverdünnung Testbenzin
Pigmente		Titandioxid (weiß) Ruß (schwarz) Chromoxidgrün (grün)
Additive (Lackhilfsmittel)	Additive werden dem Lack zugegeben, um die Eigenschaften des Lackes zu verbessern. Sie wirken z. B. mattierend im Beschichtungsstoff.	
	Es ist wichtigster Bestandteil im Lack, der für die Filmbildung zuständig ist. Es hält die Beschichtung zusammen und sorgt für die Haftung auf dem Untergrund.	Alkydharz Acrylat
Füllstoffe		Quarzmehl Kaolin Talkum Calciumcarbonat

Aufgabe 8

Die Stahlträger sollen drei Beschichtungen erhalten.
Tragen Sie die folgenden Begriffe in den unten abgebildeten Querschnitt des Beschichtungsaufbaus ein:
Zwischenbeschichtung, Deckbeschichtung, Grundierung.

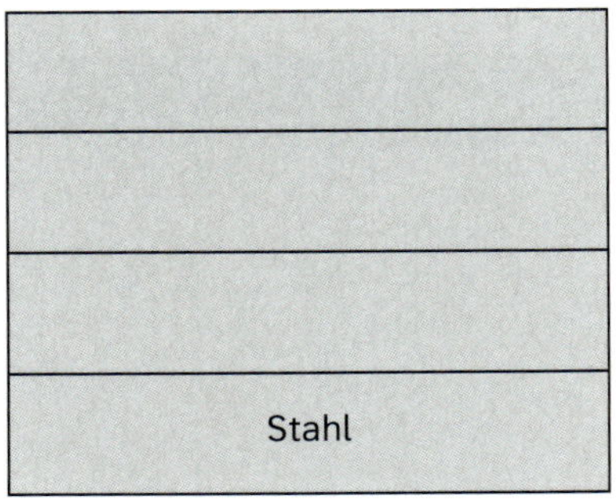

Aufgabe 9

Die Stahlträger sollen mit einem seidenmatten Alkydharzlack beschichtet werden.
Um einen Quadratmeter Oberfläche zu beschichten, benötigt man 120 ml.
Ein Längenmeter des Stahlträgers hat eine Oberfläche von 0,59 m².
Berechnen Sie die zu beschichtende Fläche und geben Sie den Verbrauch des Beschichtungsmaterials für beide Stahlträger an.

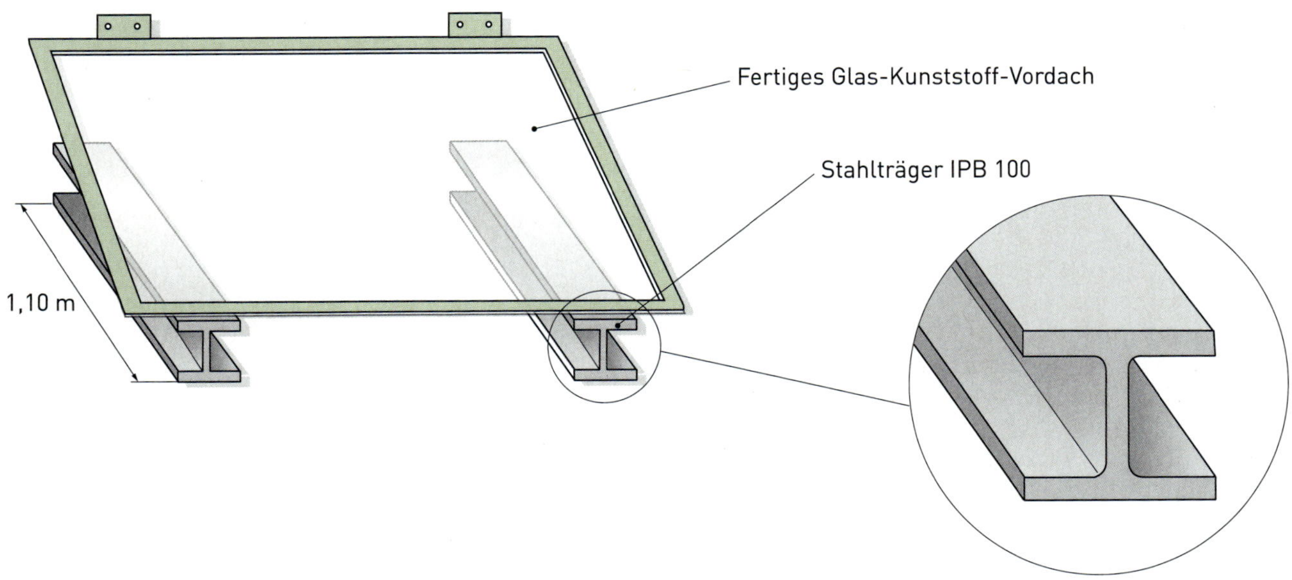

LACKIEREN DER WERKSTATTTÜR

Die Werkstatttür aus feuerverzinktem Stahl soll eine Erstbeschichtung erhalten.

Leistungsbeschreibung

Pos. 1 Abdecken der Wand- und Bodenfläche
Pos. 2 Untergrundvorbereitung
Pos. 3 Beschichtung

Pos. 1 Abdecken der Wand- und Bodenfläche

Wie würden Sie entscheiden?
Um den Boden vor der Tür zu schützen, sollen Sie den Bereich abdecken. Im Firmenwagen finden Sie eine Rolle Malervlies, eine feste Baumwolldecke und eine Rolle Pappe.

Mit welchem Material decken Sie die Bodenfläche ab? Begründen Sie Ihre Entscheidung.

Aufgabe 10

Sie schneiden gerade mit Ihrem Cuttermesser Abdeckmaterial zu, als der Geselle Sie bittet, ihm das Messer kurz zu leihen. Worauf müssen Sie bei der Übergabe des Cutters achten?

Pos. 2 Untergrundvorbereitung

Aufgabe 11

Woran erkennen Sie eine frisch feuerverzinkte Oberfläche?

Aufgabe 12

Warum muss die neue feuerverzinkte Tür vor einer Beschichtung vorbehandelt werden?

Aufgabe 13

Vervollständigen Sie die unten abgebildete Tabelle mit den Untergrundvorbereitungsmaßnahmen.
Erarbeiten Sie sich somit, welche Vorbehandlung für die feuerverzinkte Werkstatttür infrage kommt.

Vorbereitungsart	Vorgehensweise	Vor- und Nachteile
Ammoniakalische Netzmittelwäsche		Beim Umgang mit ammoniakalischer Netzmittelwäsche sind besondere Sicherheitsmaßnahmen zu beachten.
Hochdruckwasser-strahlen	Mit dem Wasserstrahlgerät werden Öle und Fette von der Oberfläche entfernt.	
Reinigung mit Universallösemittel		
Sweepen		Effektive und schnelle Reinigungs-methode, die jedoch durch den hohen maschinellen Aufwand vor-wiegend in Lackierereien eingesetzt wird.
Anschliff		

Aufgabe 14

a) Ihre Meisterin beauftragt Sie, an der Tür eine ammoniakalische Netzmittelwäsche vorzunehmen. Sie benötigen etwa 5 Liter der fertigen Reinigungsflüssigkeit. Welche Flüssigkeiten werden benötigt und in welchem Verhältnis werden sie gemischt?

b) Ihr Geselle beauftragt Sie, die Materialen zum Anmischen der Reinigungsflüssigkeit aus dem Lager zu holen. Sie sehen auf der Ammoniakflasche die unten abgebildeten Piktogramme. Wie lauten die korrekten Bezeichnungen der abgebildeten Piktogramme auf der Ammoniakflasche?

c) Auf welche Sicherheitsmaßnahmen müssen Sie beim Anmischen der Reinigungsflüssigkeit achten und wo finden Sie diese Informationen?

Aufgabe 15

Sie haben bei der Suche nach den Sicherheitsmaßnahmen das Technische Merkblatt und das Sicherheitsdatenblatt zu Ammoniak gefunden.

a) Welches der beiden Informationsblätter gibt Ihnen Auskunft über die H- und P-Sätze, und wie unterscheiden sie sich?

b) Auf der Ammoniakflasche finden Sie die Angaben H226, H331, H314 und H400 sowie P403, P210, P305 gemeinsam mit P351 und P313, P280, P314 und P273. Recherchieren Sie die vollständige Bedeutung der angegebenen H- und P-Sätze.

Sätze	Bedeutung
H226	
H331	
H314	
H400	
P403	
P210	
P305 P351 P313	
P280	
P314	
P273	

Aufgabe 16

Die Tür soll nach der Beschichtung den folgenden im vergrößerten Querschnitt abgebildeten Schichtaufbau haben. Beschreiben Sie, welche Aufgabe die einzelnen Schichten besitzen.

Deckbeschichtung
Zwischenbeschichtung
Grundbeschichtung
Feuerverzinkung
Stahl

(Die Schichtdicken sind nicht maßstäblich vergrößert!)

Schicht	Aufgaben
Stahl	
Feuerverzinkung	
Grundbeschichtung	
Zwischenbeschichtung	
Deckbeschichtung	

Wie würden Sie entscheiden?

Der Kunde hat ein angebrochenes Gebinde mit weißer Alkydharzlackfarbe in seinem Keller gefunden. Um die Kosten zu reduzieren, bittet er Sie, diesen Lack für die Türlackierung an Ihren Gesellen weiterzugeben. Folgen Sie seiner Bitte? Erklären Sie ihm Ihre Entscheidung.

Aufgabe 17

Die Werkstatttür soll einseitig mit einer Deckbeschichtung versehen werden.

a) Das Technische Merkblatt gibt den Materialverbrauch mit 180 ml/m² an.
Berechnen Sie den Materialbedarf für die Tür und die 5 cm breite Zarge.

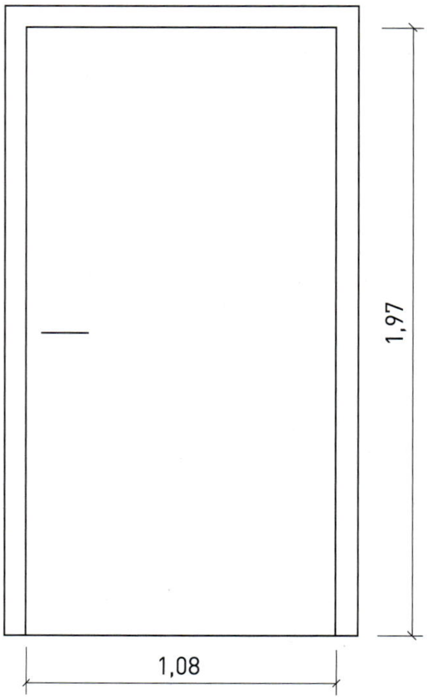

b) Von der letzten Baustelle ist bekannt, dass der Geselle für einen Beschichtungsgang von fünf Türen 2,5 Stunden benötigt. Wie lange wird er für drei Beschichtungen der Tür brauchen?

c) Die Meisterin stellt dem Kunden für eine Gesellenstunde den Nettobetrag von 36 € in Rechnung.
Berechnen Sie den Bruttorechnungsbetrag für eine Gesellenstunde.

BESCHICHTEN DER MÜLLBOXTÜR

Die Tür einer alten Müllbox soll erstmalig beschichtet werden. Dafür müssen die Untergrundmängel behoben werden.

Leistungsbeschreibung

Pos. 1 Abdecken der Wand- und Bodenfläche
Pos. 2 Untergrundvorbereitung
Pos. 3 Beschichtung

Pos. 1 Abdecken der Wand- und Bodenfläche

Aufgabe 18

Sie sollen den Boden vor der Müllbox abdecken, um ihn vor Verschmutzung bei der Untergrundvorbereitung und der Beschichtung zu schützen.
Welche Unfall verhütenden Maßnahmen müssen Sie treffen, damit ein fachgerechtes Arbeiten möglich ist?

Pos. 2 Untergrundvorbereitung

Aufgabe 19

a) Beschreiben Sie die Oberfläche der Müllboxtür, was fällt Ihnen auf?

b) Wie sind die Korrosionsarten, die auf der Mülltür zu sehen sind, zu bezeichnen (nach DIN EN ISO 8044)?

Aufgabe 20

a) Welchem Rostgrad entspricht die zu beschichtende Müllboxtür (nach DIN EN ISO 4628-3)?

b) In der Umgebung der Lackiererei fallen ihnen weitere verrostete Bauteile auf.
Stufen Sie die unten abgebildeten Flächen in die Rostgrade ein.

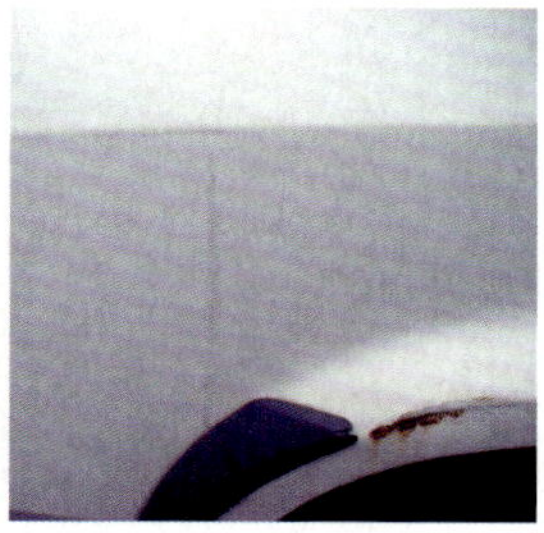

Aufgabe 21

Die Tür der Müllbox soll für die Beschichtung vorbereitet werden. Dazu schauen Sie sich mit Ihrer Meisterin eine Liste der Oberflächenvorbereitungsgrade (nach DIN EN ISO 12944-4) an. Gemeinsam stellen Sie fest, dass die verschiedenen Oberflächenvorbereitungsgrade mit unterschiedlichen Werkzeugen erreicht werden.
Benennen Sie die folgenden Werkzeuge und geben Sie an, welche Oberflächenvorbereitungsgrade mit ihnen erreicht werden können.

Abbildung	Werkzeugbezeichnung	Erreichbare Oberflächenvorbereitungsgrade

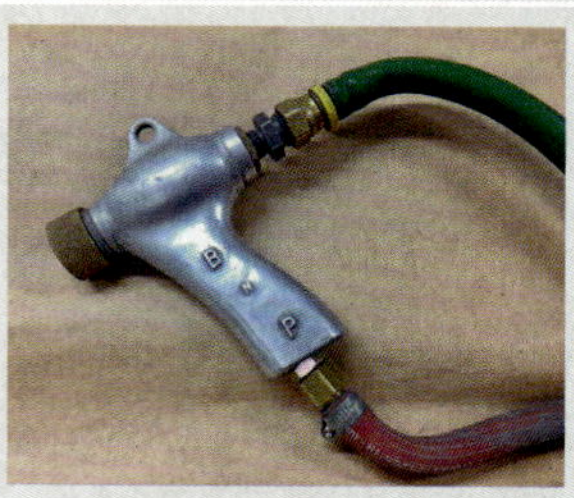		

Aufgabe 22

Ihre Meisterin hat entschieden, dass die Tür durch Sandstrahlen entrostet wird.
Welche Sicherheits- und Gesundheitsmaßnahmen müssen beim Sandstrahlen beachtet werden?

Pos. 3 Beschichtung

Aufgabe 23

Die Tür und die Bekleidung der Müllbox sollen mit Alkydharzlack beschichtet werden.
Ihre Meisterin will Material bestellen und bittet Sie, die für die Tür benötigte Materialmenge zu berechnen.

a) Berechnen Sie getrennt die Fläche der Tür und der 3 cm breiten Bekleidung.

b) Der Materialverbrauch ist im Technischen Merkblatt mit 135 ml/m² angegeben.
Wie viel Liter wird für die Tür mit Rahmen benötigt?

GESTALTEN UND LACKIEREN DES FIRMENSCHILDES

An der Seitenwand der Lackierwerkstatt soll ein neues Firmenschild, das aus einer Aluminiumlegierung besteht, angebracht werden.

Das Firmenschild besteht aus zwei Teilen, die nach der fertigen Beschichtung mit einem Wandabstand von 2 cm auf die Wandfläche neben der Tür montiert werden.
Der linke Teil des Schildes stellt das modern stilisierte Maler- und Lackiererwappen dar.

Die Kreise und der Buchstabe „L“ sind vorher aus dem Aluminiumblech ausgestanzt worden.
Durch sie fällt der Blick auf die Fassade.
Die Buchstaben „ackiererei“ werden als fertige Klebebuchstaben angeliefert und nach der Beschichtung aufgeklebt.
Das Schild weist durch den Transport feinste Kratzer in der Oberfläche auf.

Leistungsbeschreibung

Pos. 1 Untergrundvorbereitung
Pos. 2 Beschichten des Firmenschildes
Pos. 3 Aufbringen des geplotteten Schriftzugs

Pos. 1 Untergrundvorbereitungen

Aufgabe 24

An der Oberfläche des Aluminiumschildes befindet sich ein dünner Ölfilm.
Wie bereiten Sie das Schild für die Beschichtung in der Lackierkabine vor?

Pos. 2 Beschichten des Firmenschildes

Aufgabe 25

Das Schild soll in der Lackierkabine gespritzt werden. Bei Aluminiumlegierungen wird vor der Grundierung ein Reaktiv-Haftprimer aufgetragen. Warum wird dieser zusätzliche Arbeitsgang durchgeführt?

Aufgabe 26

Nach dem Reaktiv-Haftprimer wird eine Grundierung aufgetragen, bevor der Füller gespritzt wird.
In welcher Schichtdicke wird der zweikomponentige High-Solid-Füller aufgetragen? Überlegen Sie, wo Sie genaue Angaben dazu finden können. Nutzen Sie das Fachbuch als Informationsquelle.

Aufgabe 27

Erklären Sie, warum das Schild nach der Grundierung mit einem Füller gespritzt werden soll.

Aufgabe 28

Da Ihre Meisterin nur noch einen kleinen Rest Füller im Lager hat, möchte sie wissen, ob dieser für die Beschichtung des Schilds ausreicht. Sie erteilt Ihnen die Aufgabe, die genaue Größe des Schilds zu ermitteln. Der Buchstabe L wurde bereits vom Gesellen in einer eigenen Zeichnung bemaßt.

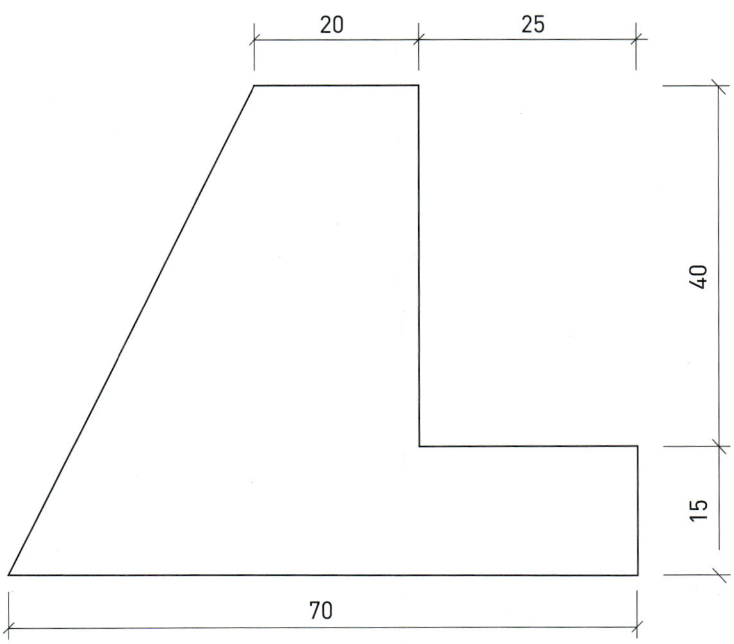

a) Bemaßen Sie zuerst die Zeichnung des Schilds.

Sie ermitteln mit dem Gliedermaßstab folgende Längen:
Grundseite des Parallelogramms: 3,55 m
Höhe des Parallelogramms: 0,82 m
Länge der Schrägen des Parallelogramms: 0,95 m
Horizontale Grundseite des Dreiecks: 0,98 m
Durchmesser der Kreise: 0,14 m

b) Berechnen Sie die mit Füller zu spritzende Fläche.
Das Schild soll von beiden Seiten beschichtet werden.

Aufgabe 29

Sie benötigen für die Beschichtung 1,1 Liter spritzfertig angemischten Füller.

a) Geben Sie das Mischverhältnis zwischen Füller und Härter an. Wie viel Prozent Verdünnung muss dieser Mischung zugegeben werden, um sie spritzfertig einzustellen?

b) Berechnen Sie die benötigten Einzelmengen der beiden Komponenten und des Verdünners in Liter.

Aufgabe 30

Auf der Lackierpistole finden Sie die Angabe HVLP. Recherchieren Sie, was diese Abkürzung bedeutet.

Aufgabe 31

Nachdem der Füller ausgehärtet ist, benebelt der Geselle das Schild kurz mit einem Kontrastfarbton. Anschließend beauftragt er Sie, das Schild nass zu schleifen.

a) Beschreiben Sie die Aufgabe des Kontrastfarbtons anhand der abgebildeten Zeichnungen.

Bild 1

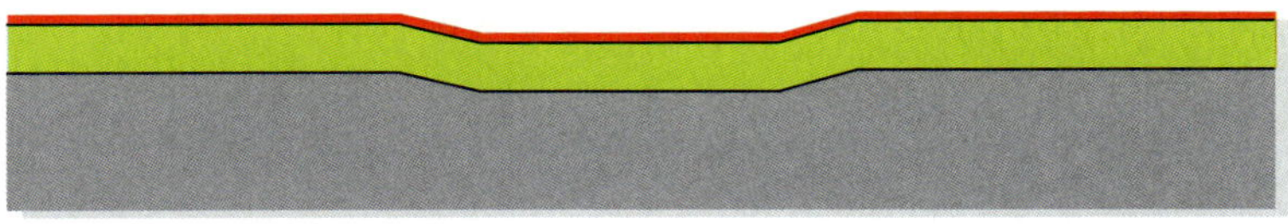

Bild 2

Bild 3

Bild 1:

Bild 2:

Bild 3:

b) Welchen Vorteil bietet der Nassschliff gegenüber dem Trockenschliff?

c) Welche Schleifkörnung wählen Sie?

Aufgabe 32

Das Firmenschild soll eine Deckbeschichtung mit einem einfarbigen, zweikomponentigen Acryllack erhalten.
Diese wird mit der abgebildeten Lackierpistole aufgetragen.

a) Beschriften Sie die einzelnen Teile der Lackierpistole.

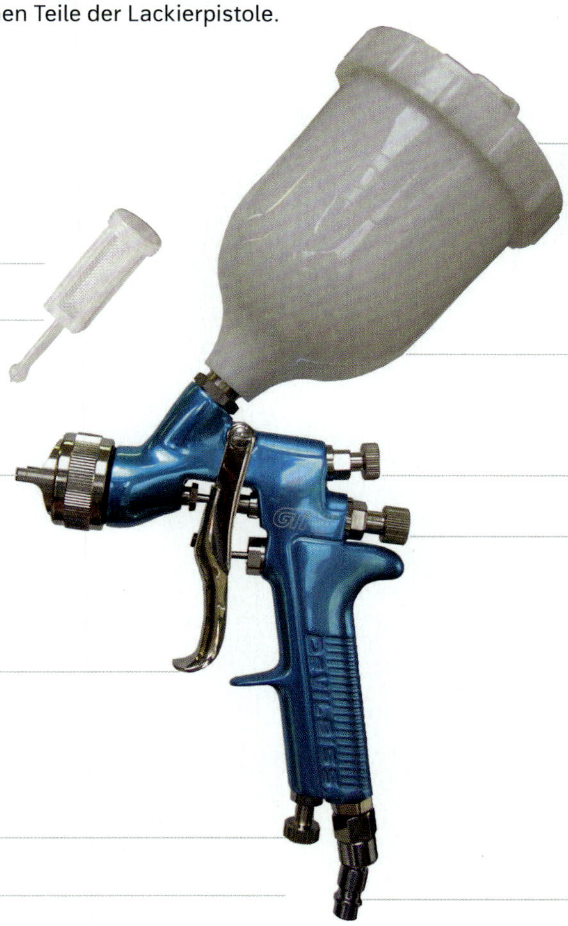

b) Womit müssen Sie die Lackierpistole reinigen?

Aufgabe 33

Der Lackhersteller gibt im Technischen Merkblatt an, dass der Lack eine Topfzeit von 45 Minuten bei 20 °C hat.
Worauf muss bei der Verarbeitung geachtet werden?

Wie würden Sie entscheiden?

Die beiden Schildteile und die ausgestanzten Flächen sollen auf der Vorderseite eine 0,5 cm breite Einfassung durch eine schwarze Linie erhalten. Nach der Endlackierung werden die zu schützenden Flächen mit einem Klebeband und einer Folie abgedeckt. Im Regal finden Sie die unten abgebildeten Klebebänder.
Benennen Sie diese und treffen Sie eine begründete Auswahl für die Schildeinfassung.

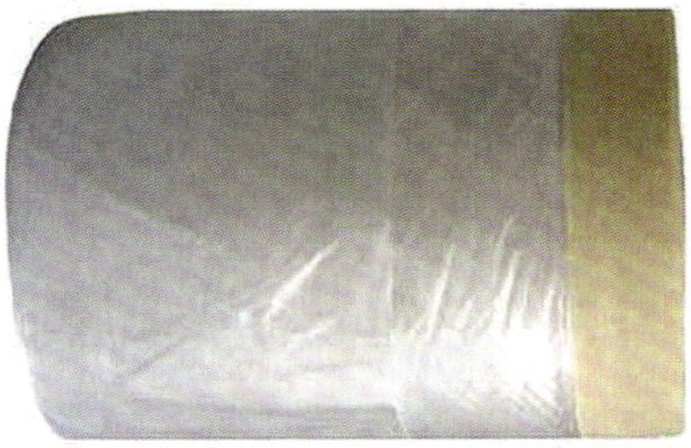

Aufgabe 34

Die Meisterin will dem Kunden die Einfassung nach Länge in Metern berechnen.
Ermitteln Sie die exakte Länge des Streifens.

Pos. 3 Aufbringen des geplotteten Schriftzugs

Aufgabe 35

a) Für den Schriftzug werden 2,34 m Folie benötigt. Ein Meter Folie kostet 7,88 €.
Wie teuer ist die Folie für den Schriftzug?

b) Die Folie hat eine Höhe von 61 cm.
Wie viel Quadratmeter Folie werden dem Kunden in Rechnung gestellt?

c) Beim Plotten der Folie fallen 67 % Verschnitt an.
Wie viel Quadratmetern entspricht dies?

KUNDENAUFTRAG

noise

Ihre Malerfirma erhält einen Auftrag vom Musikfachgeschäft Noise (engl. Geräusch).
Einige Bereiche des Geschäftes sowie der Firmenwagen sollen gestaltet werden.

Objektbeschreibung

Geschäft:	zwei Geschosse
Erdgeschoss:	Musikbereiche Soul/R & B, Pop, Hip-Hop/ Rap, Rock/ Independent und Techno
Obergeschoss:	eine Kinderecke sowie die Bereiche Klassik und Soundtracks und kleines Kaffee

Auszuführende Arbeiten

- Gestalten der Kinderecke
- Gestalten des Klassikbereiches
- Gestalten des Firmenfahrzeuges

GESTALTEN DER KINDERECKE

Das Geschäft besitzt eine Kinderecke, damit die Eltern ungestört einkaufen können.
Diese ist 30 m^2 groß und soll möglichst ansprechend für Kinder gestaltet werden. Zum einen soll ein Malbereich mit pflegeleichten Materialien entstehen, zum anderen eine Kuschelecke mit Materialien, die Gemütlichkeit und Wärme ausstrahlen. Der Gesamteindruck soll freundlich und bunt erscheinen.

Leistungsbeschreibung

Pos. 1 Kundenberatung – Farbkreis
Pos. 2 Gestalten der Wände in der Malecke – Kontraste
Pos. 3 Gestaltung der Wände in der Kuschelecke – Fluchtpunktperspektive
Pos. 4 Auswahl der Materialien

Pos. 1 Kundenberatung – Farbkreis

Aufgabe 1

Sie begleiten Ihre Meisterin zur Kundenberatung. Dabei möchten Sie Ihre Ideen anhand des Farbkreises verdeutlichen. Der Kunde kann sich aber unter einem Farbkreis nichts vorstellen.
Ihre Meisterin gibt Ihnen eine Konstruktionsbeschreibung für einen 12-teiligen Farbkreis zur Hand und bittet Sie, diesen zum nächsten Beratungstermin fertig konstruiert und farbig ausgelegt mitzubringen.
a) Konstruieren Sie den Farbkreis vergrößert auf einen Zeichenkarton DIN A3 und legen Sie ihn farbig aus.

Konstruktionsbeschreibung
1. Bestimmen Sie den Mittelpunkt des Blattes.
2. Um den Mittelpunkt zeichnen Sie mit dem Zirkel einen Kreis (K1) mit dem Radius $r_1 = 8$ cm.
3. Den Zirkel mit dem Radius 8 cm auf der Kreislinie einstechen und einen Kreisbogen von Kreislinie zu Kreislinie schlagen.
4. Den Zirkel auf den Schnittpunkten einstechen und weitere Kreisbögen schlagen. Es ergeben sich Schnittpunkte auf sowie außerhalb der Kreislinie.
5. Vom Mittelpunkt des Kreises einen weiteren Kreis (K2) mit dem Radius $r_2 = 2$ cm ziehen.
6. Vom Mittelpunkt das Lineal jeweils zu den Schnittpunkten auf der Kreislinie (K1) anlegen und vom Innen- zum Außenkreis Linien ziehen. Es entsteht ein 6-teiliger Farbkreis.
7. Vom Mittelpunkt das Lineal jeweils zu den Schnittpunkten außerhalb der Kreislinie anlegen und vom Innen- zum Außenkreis Linien ziehen. Es entsteht ein 12-teiliger Farbkreis.

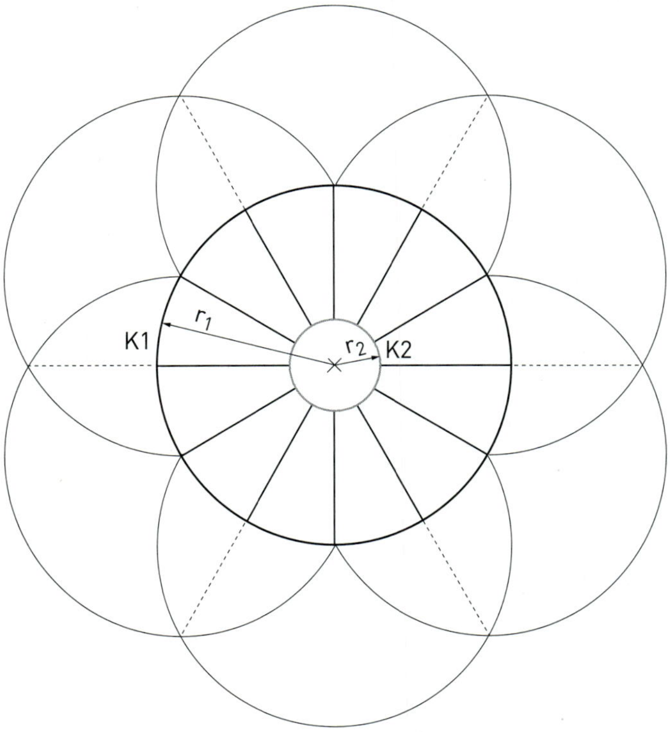

b) Schneiden Sie den Farbkreis aus. Kleben Sie ihn mit dem gelben Kreissegment nach oben auf.

Aufgabe 2

Für ein angemessenes Beratungsgespräch ist es wichtig, sicher mit Grundbegriffen aus der Farbenlehre umgehen zu können.

a) Erklären Sie den Unterschied zwischen additiver und subtraktiver Farbmischung.

b) Zählen Sie die Grundfarben (Primärfarben) und die Mischfarben (Sekundärfarben, Tertiärfarben) des 12-teiligen Farbkreises nach Johannes Itten auf und definieren Sie die drei Begriffe.

c) Ordnen Sie in Ihrem Farbkreis aus Aufgabe 1 warme und kalte Farben zu.

d) Benennen Sie die hellste sowie die dunkelste Farbe des Farbkreises.

Aufgabe 3

Erklären Sie den Komplementärkontrast mithilfe des Farbkreises und vervollständigen Sie die Farbpaare des Komplementärkontrastes.

Gelb
Grün
Blau

Aufgabe 4

Nennen Sie drei Farben des Farbkreises, die sich am meisten voneinander unterscheiden.

Aufgabe 5

Fertigen Sie für die Beratung eine Art Spickzettel an, indem Sie den unten vorgegeben Farbkreis beschriften.
Gehen Sie dabei wie folgt vor:

a) Benennen Sie die einzelnen Farbfelder.

b) Kennzeichnen Sie die Primärfarben mit einer römischen I, die Sekundärfarben mit einer II und die Tertiärfarben mit einer III.

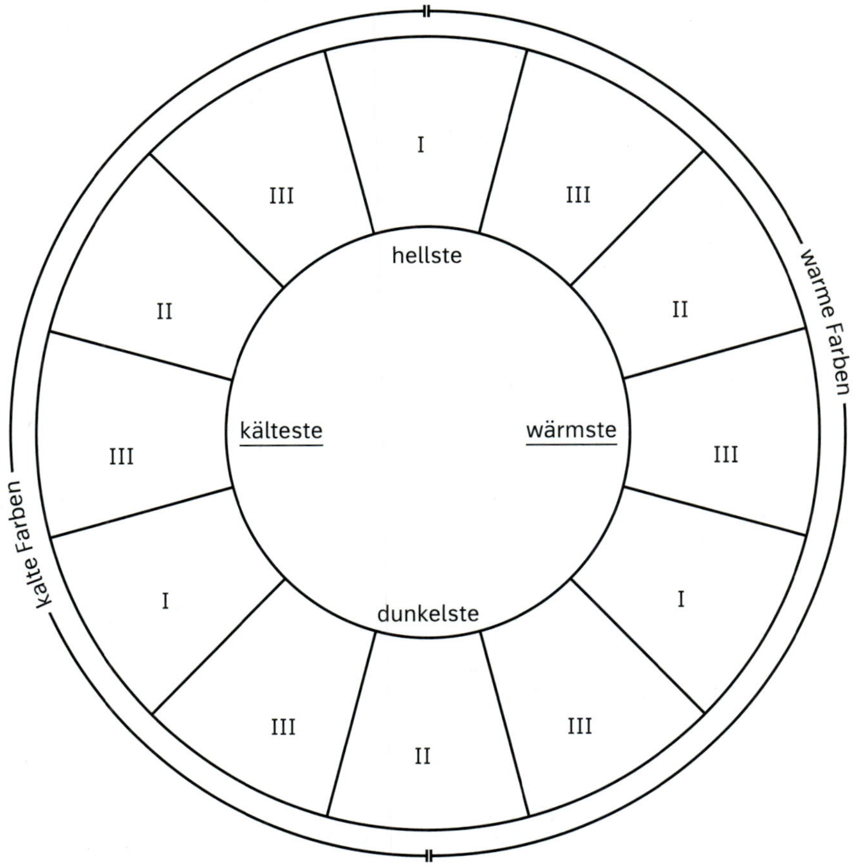

c) Kennzeichnen Sie warme und kalte Farben.

d) Kennzeichnen Sie die hellste, dunkelste, kälteste und wärmste Farbe des Farbkreises.

Aufgabe 6

Erklären Sie den Farbe-an-sich-Kontrast. Mit welchen Farben lässt sich der stärkste Farbe-an-sich-Kontrast herstellen?

Aufgabe 7

Wie bereits in der Objektbeschreibung angeführt, ist die Kinderecke in zwei Bereiche aufgeteilt.
Sie sehen hier Skizzen des Malbereiches.

a) Legen Sie die Skizzen farbig nach den vorgegebenen Kontrasten aus.
   Die Wandgliederung dient Ihnen als Orientierung.

b) Beurteilen Sie die Wirkung der einzelnen Kontraste.

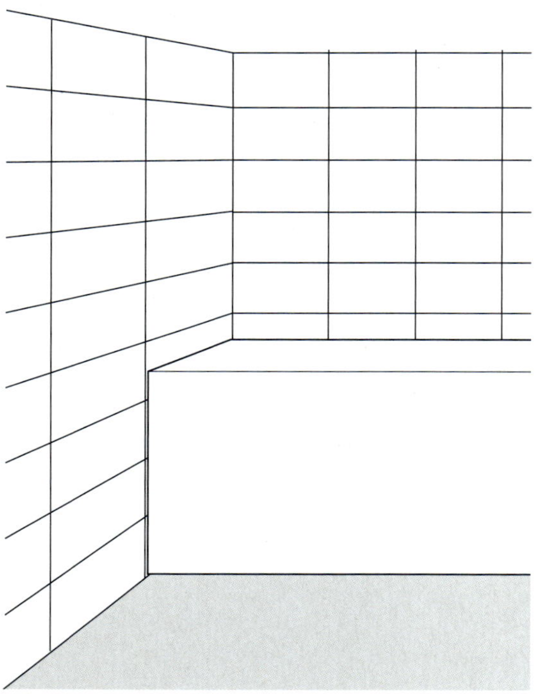

Hell-Dunkel-Kontrast

Wirkung:

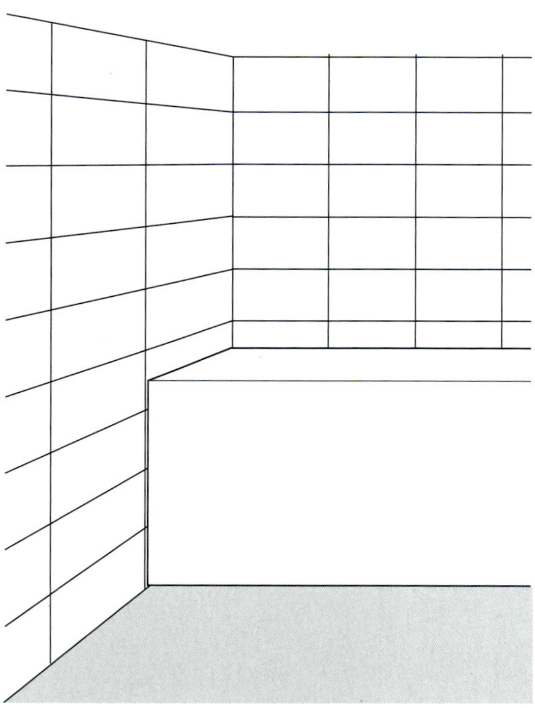

Kalt-Warm-Kontrast

Wirkung:

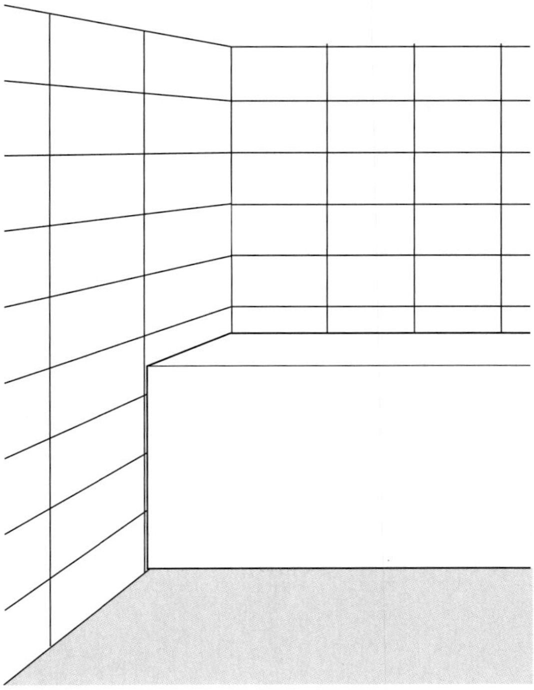

Farbe-an-sich-Kontrast

Wirkung:

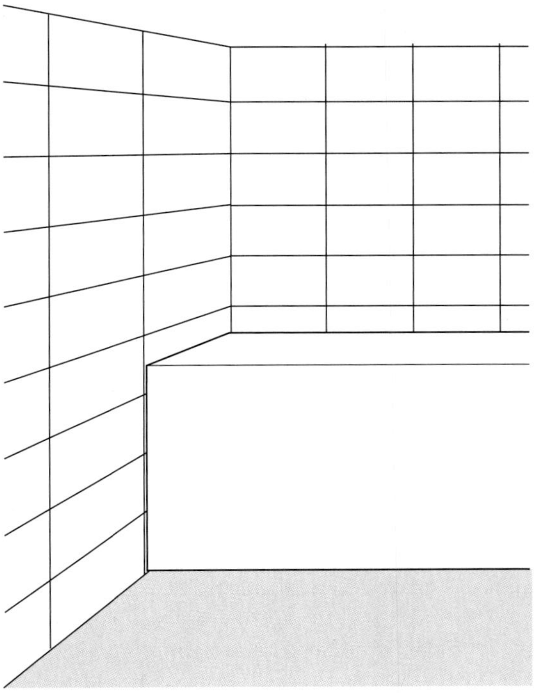

Komplementär-Kontrast, kombiniert mit dem Quantitäts- oder Proportionskontrast

Wirkung:

c) Beurteilen Sie, welcher Kontrast am besten für die Kinderecke geeignet ist. Begründen Sie Ihre Wahl.

Aufgabe 8

Sie haben die Farbtöne für den Malbereich ausgewählt und wollen die Farben nun bestellen.
a) Ermitteln Sie aus einer RAL-Karte Classic die Nummern Ihrer Farbtöne.

Zu bestellende Farben:

b) Beschreiben Sie, nach welchem System die Farbnummern der RAL-Karte Classic geordnet sind?

Aufgabe 9

Legen Sie die Rechtecke farbig nach ihren Vorstellungen aus. Berechnen Sie den Farbverbrauch der einzelnen Farben. Die Flächen der Wandgliederung haben die gleichen Abmessungen. Verbrauch der Dispersionsfarbe: 220 ml/m²

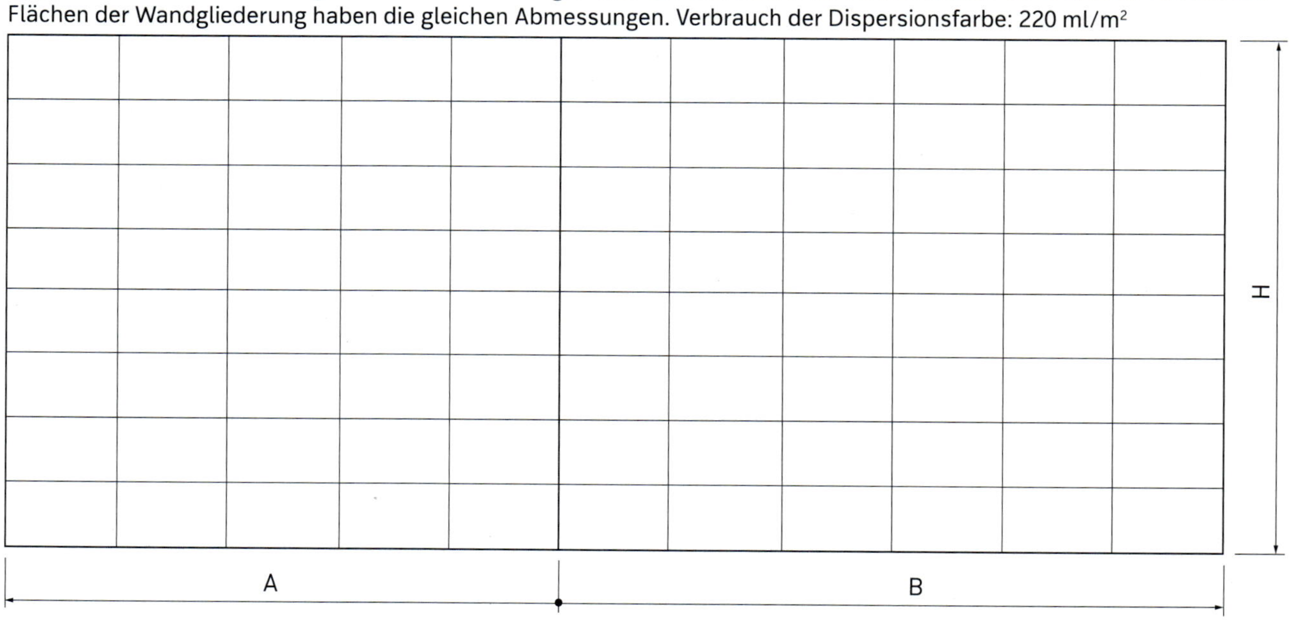

Wandabwicklung der Raumecke:

Wand A = 5 m
Wand B = 6 m
Wandhöhe = 3 m

Pos. 3 Gestaltung der Wände in der Kuschelecke – Fluchtpunktperspektive

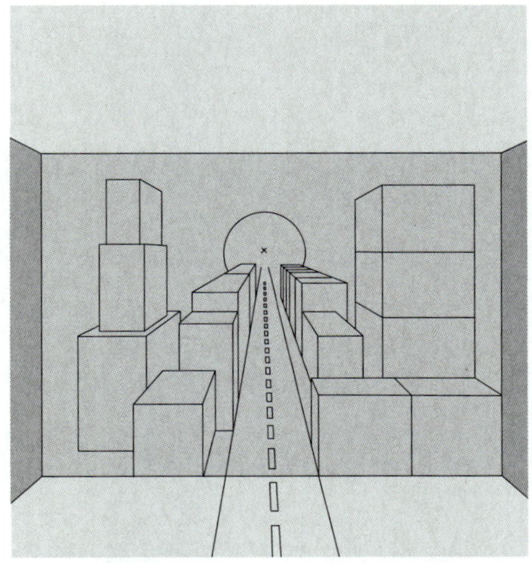

Aufgabe 10

In den Bodenbelag der Kuschelecke ist eine Einlegearbeit (Intarsie) eingearbeitet. Die Intarsie ist eine Straße, die als Weiterführung an der Wand eine Skyline ergeben soll. Ihre Chefin hat eine Skizze der Skyline angefertigt und an der Wand einige Hilfslinien erstellt.

a) Vervollständigen Sie die Wandzeichnung. Achten Sie dabei besonders auf eine sorgfältige Ausführung.

b) Gestalten sie diese Wandsituation zusätzlich farbig. Verwenden Sie hierzu eine beruhigende und harmonische Farbkombination.

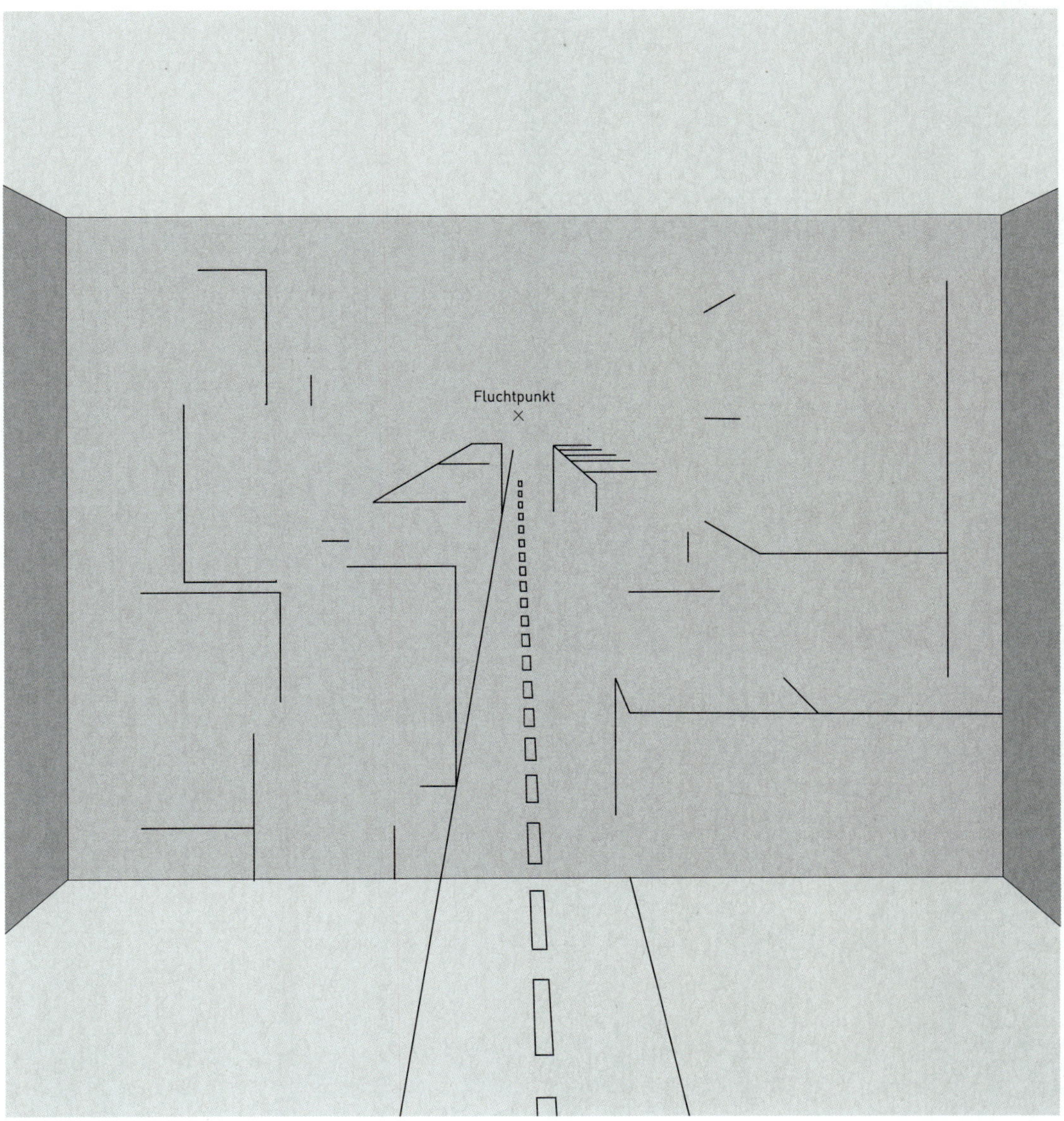

Pos. 4 Auswahl der Materialien

Aufgabe 11

In der Gestaltung spielen die Zusammenhänge von Farbe, Form und Material eine große Rolle.
Um diese Zusammenhänge besser wahrnehmen und einordnen zu können, zeigt Ihnen Ihre Meisterin einige Fotos.

Sehen Sie sich die Abbildungen genau an und wägen Sie ab, in welchem Verhältnis hier Farbe, Form und Material zueinander stehen. Zeichnen Sie Ihre Ergebnisse als Tortendiagramm in die vorgesehenen Kreise so ein, wie es im Beispiel gezeigt ist.

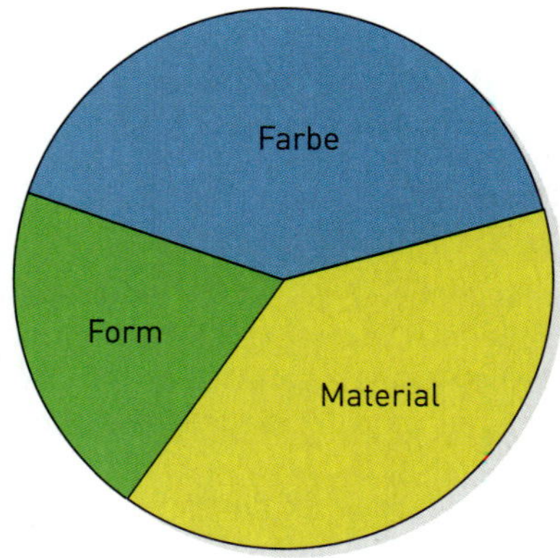

Aufgabe 12

Im Beratungsgespräch geht es nun um die Auswahl geeigneter Materialien für die Kinderecke.
Die Materialien für die beiden Bereiche müssen verschiedene Funktionen erfüllen.
Der Malbereich soll praktisch und pflegeleicht sein, der Kuschelbereich soll hingegen gemütlich wirken.

a) Erstellen Sie für den Kunden eine Collage mit Materialien, die diesen Ansprüchen gerecht werden.
   Beispiele: Linoleum für den Malbereich, hochfloriger Teppichboden für den Kuschelbereich.

b) Erstellen Sie anschließend eine Tabelle (wie im folgenden Beispiel) mit allen ausgewählten Materialien.
   Kleben Sie hierfür je ein Foto/Bild oder eine Probe der ausgesuchten Materialien aus der Collage in die vorgesehenen Kästchen und beschreiben Sie daneben deren Eigenschaften.

Foto der Materialien	Eigenschaften und Oberflächenwirkung
	Linoleum Wirkung:
	Filz Wirkung:
	Kork Wirkung:

Aufgabe 13

Wählen Sie für den Malbereich einen geeigneten Fußbodenbelag aus. Treffen Sie außerdem eine Entscheidung bezüglich der Farbwahl. Begründen Sie Ihre Auswahl des Materials und der Farbe.

Aufgabe 14

Wählen Sie für den Kuschelbereich einen geeigneten Fußbodenbelag aus. Treffen Sie außerdem eine Entscheidung bezüglich der Farbwahl. Begründen Sie Ihre Auswahl des Materials und der Farbe.

GESTALTEN DES KLASSIKBEREICHES

Der Klassikbereich des Musikgeschäftes Noise liegt abgelegen vom „Durchgangsverkehr" im hinteren Bereich des Geschäftes. Die Kunden des Klassikbereiches wissen die edle und zurückhaltende Ausstattung in diesem Bereich zu schätzen. Ihr Auftraggeber wünscht, dass die Raumwirkung erhalten bleibt, die Wände und die Decke jedoch andere Farbtöne bekommen. Er wünscht außerdem, dass der Fußbodenbelag besonders zur Geltung kommt.

Der Fußbodenbelag dieses Bereiches ist ein dunkles und warmes Nussbaumparkett, das gerade aufgearbeitet wurde. Die drei Wandseiten sind in einem Ocker-Farbton gehalten. Die Decke ist im gleichen Farbton heller abgesetzt, damit die Räumlichkeiten höher wirken. Die Möbel sind in einem neutralen Grau gehalten. Die Räumlichkeiten sind nach Süden ausgerichtet und deshalb sehr hell.

Leistungsbeschreibung

Pos. 1 Erstellen eines neuen Farbkonzeptes
Pos. 2 Auswahl einer geeigneten Schriftart
Pos. 3 Vergrößertes Gestaltungselement und Schrift an einer Wand anordnen

Pos. 1 Erstellen eines neuen Farbkonzeptes

Aufgabe 15

Legen Sie eine Tabelle nach dem folgenden Muster an:
a) Notieren Sie stichpunktartig die Auftragsbedingungen bzw. die Forderungen des Auftraggebers.

b) Beschreiben Sie die Folgerungen aus den Auftragsbedingungen.

Nr.	Auftragsbedingungen	Folgerungen
1	Nussbaumparkett bleibt erhalten	Die gewählten Farbtöne müssen mit dem Farbton des Parketts harmonieren.
2		
3		
4		
5		
6		

Aufgabe 16

Ihre Chefin möchte, dass Sie zwei Vorschläge für das Farbkonzept entwickeln. Dazu gibt sie Ihnen die folgenden zwei Kontraste vor, die Sie umsetzen sollen: Qualitätskontrast und Kalt-Warm-Kontrast.

a) Erklären Sie den Kalt-Warm-Kontrast in Bezug auf die gegebene Raumsituation.

b) Erklären Sie den Qualitätskontrast in Bezug auf die Raumsituation.

Aufgabe 17

Suchen Sie für den Klassikbereich zu den im Kundenauftrag vorgegebenen Farbtönen Schwarz und Braun zwei weitere Farbtöne aus. Erstellen Sie jeweils eine Farbtonreihe, bei der Sie mit dem Ausgangsfarbton beginnen und diesen schrittweise nach rechts mit Weiß aufhellen.

Schwarz Weiß

Braun Weiß

1. freigewählter Farbton Weiß

2. freigewählter Farbton Weiß

Aufgabe 18

a) Wählen Sie für einen Kalt-Warm-Kontrast entsprechende Farbtöne aus und legen Sie die folgende Quantitätsskizze passend farbig aus.

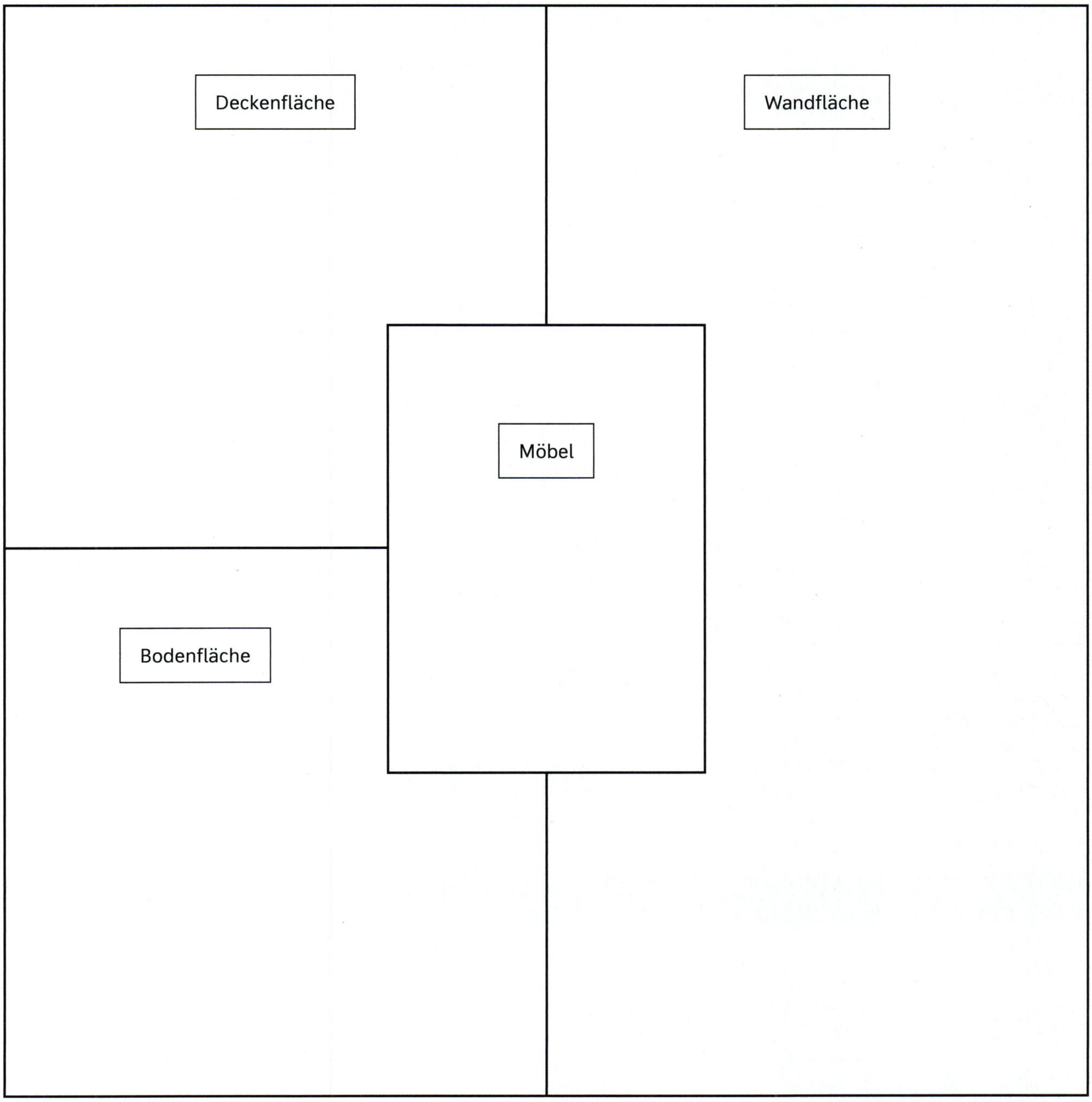

b) Wählen Sie für einen Qualitätskontrast entsprechende Farbtöne aus und legen Sie die Quantitätsskizze ebenfalls passend farbig aus.

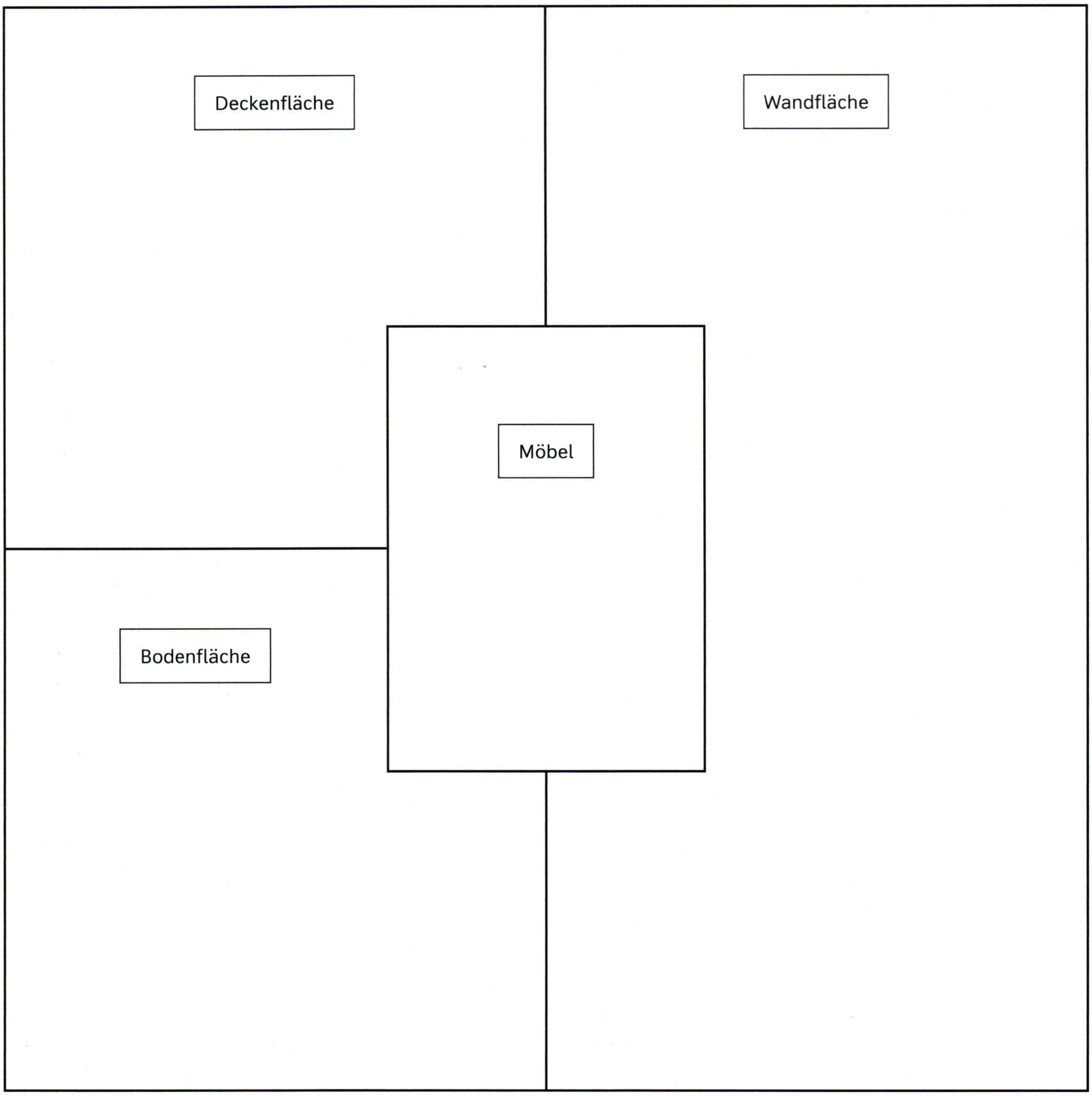

Aufgabe 19

Überprüfen und kontrollieren Sie Ihre Farbvorschläge mithilfe der Kriterien aus dem Auftrag und den Hinweisen Ihrer Chefin hinsichtlich Ihrer Vorschläge zu den jeweilige Kontrasten.

Kalt-Warm-Kontrast

Nr.	Kriterien	Ja	Nein	Bemerkung
1	Harmonieren die Farbtöne mit dem Nuss-baumparkett?			
2	Lassen die gewählten Farbtöne das Parkett besonders gut zur Geltung kommen?			
3	Kommen neue/andere Farbtöne zum Ein-satz?			
4	Wurden gebrochene Farbtöne verwendet?			
5	Ist die Decke in einem helleren Farbton als die Wandflächen gestaltet worden?			
6	Wurde der gewählte Kontrast deutlich umgesetzt?			

Qualitätskontrast

Nr.	Kriterien	Ja	Nein	Bemerkung
1	Harmonieren die Farbtöne mit dem Nussbaumparkett?			
2	Lassen die gewählten Farbtöne das Parkett besonders gut zur Geltung kommen?			
3	Kommen neue/andere Farbtöne zum Einsatz?			
4	Wurden gebrochene Farbtöne verwendet?			
5	Ist die Decke in einem helleren Farbton als die Wandflächen gestaltet worden?			
6	Wurde der gewählte Kontrast deutlich umgesetzt?			

Aufgabe 20

Entscheiden Sie sich begründet für ein Farbkonzept.

Aufgabe 21

Legen Sie die Skizze des Klassikbereiches mit Ihren Farbtönen aus.

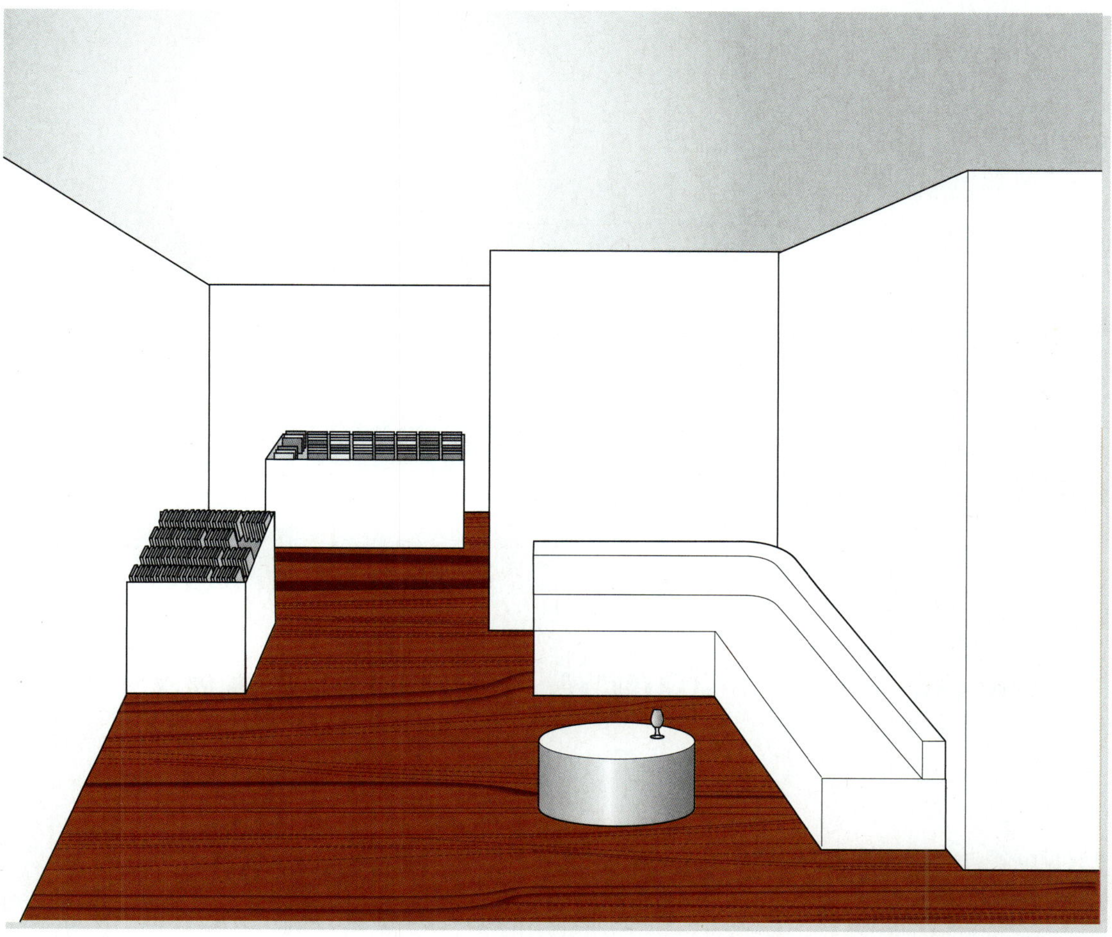

Pos. 2 Auswahl einer geeigneten Schriftart

Aufgabe 22

Der Kunde wünscht sich an der Wand den Schriftzug „Klassik“. Die Vielfalt der Schriftmöglichkeiten ist ihm allerdings nicht bewusst. Um sich für ein Beratungsgespräch vorzubereiten, eignen Sie sich aus der Literatur die Grundbegriffe in puncto Schrift an.

a) Erklären Sie mithilfe Ihres Fachbuches stichpunktartig die verschiedenen Schriftarten.

Handgeschriebene Schriften:

Antiqua-Schriften:

Gebrochene Schriften:

Grotesk-Schriften:

Schreibschriften:

Sie haben mehrere Schablonen für den Schriftzug „Klassik“ zur Verfügung.

a) Klassik b) Klassik c) Klassik d) KLASSIK

e) Klassik f) Klaſſik g) KLASSIK

h) Klassik i) Klassik j) Klassik

b) Ordnen Sie die dargestellten Schriften den oben erklärten Schriftarten zu.

a)	f)
b)	g)
c)	h)
d)	i)
e)	j)

Aufgabe 23

Entscheiden Sie sich begründet für eine Schriftart, die Sie im Klassikbereich einsetzen möchten.

Pos. 3 Vergrößertes Gestaltungselement und Schrift an einer Wand anordnen

Aufgabe 24

Zur Ergänzung des Schriftzuges soll in Rastervergrößerung ein Notenschlüssel auf die Wand gebracht werden.
Führen Sie zur Übung diese Technik im Heft aus.

Aufgabe 25

Ordnen Sie den Abbildungen die folgenden Adjektive zu: aufsteigend, rechtsbündig, zentriert, absteigend, abgehoben.

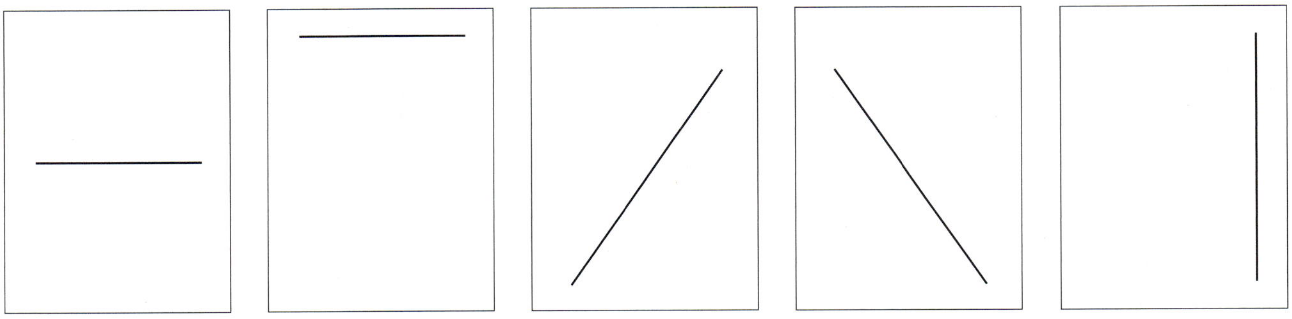

Aufgabe 26

Gegeben sind vier Beispiele und die Begriffe Symmetrie, Streuung, Reihung, Verdichtung.
Ordnen Sie diese Begriffe den entsprechenden Abbildungen zu.

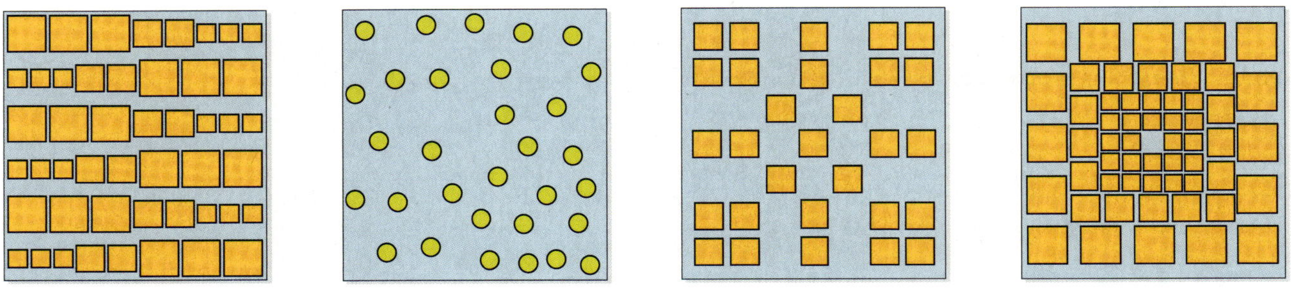

Aufgabe 27

Ordnen Sie den gegebenen Beispielen die dazugehörenden Begriffe zu: ausgeglichen, gedrungen, überladen, verloren.

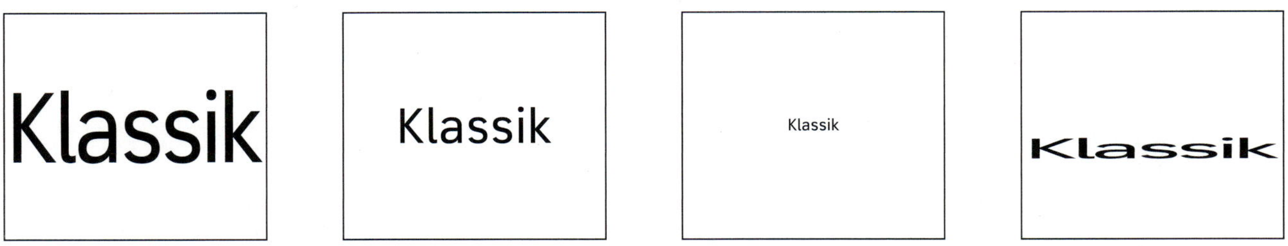

Aufgabe 28

Welche Formenkontraste werden hier dargestellt?

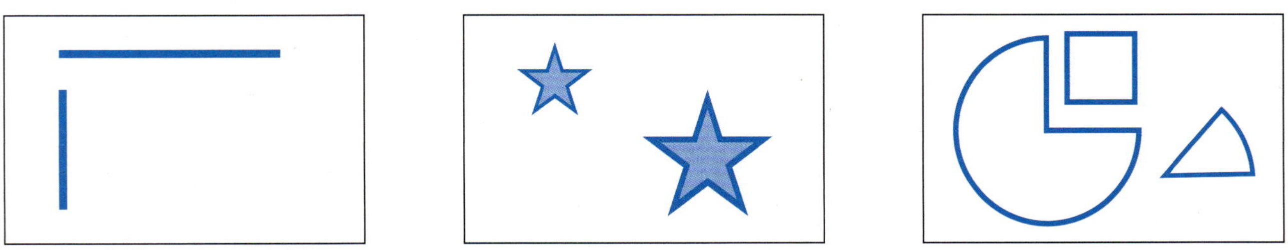

Aufgabe 29

Ordnen Sie den Schriftzug und das Gestaltungselement (Klassik und Notenschlüssel) auf der Trennwand an. Beachten Sie, dass die Elemente in einem angemessenen Verhältnis zur Fläche stehen und gut zu erkennen sind.

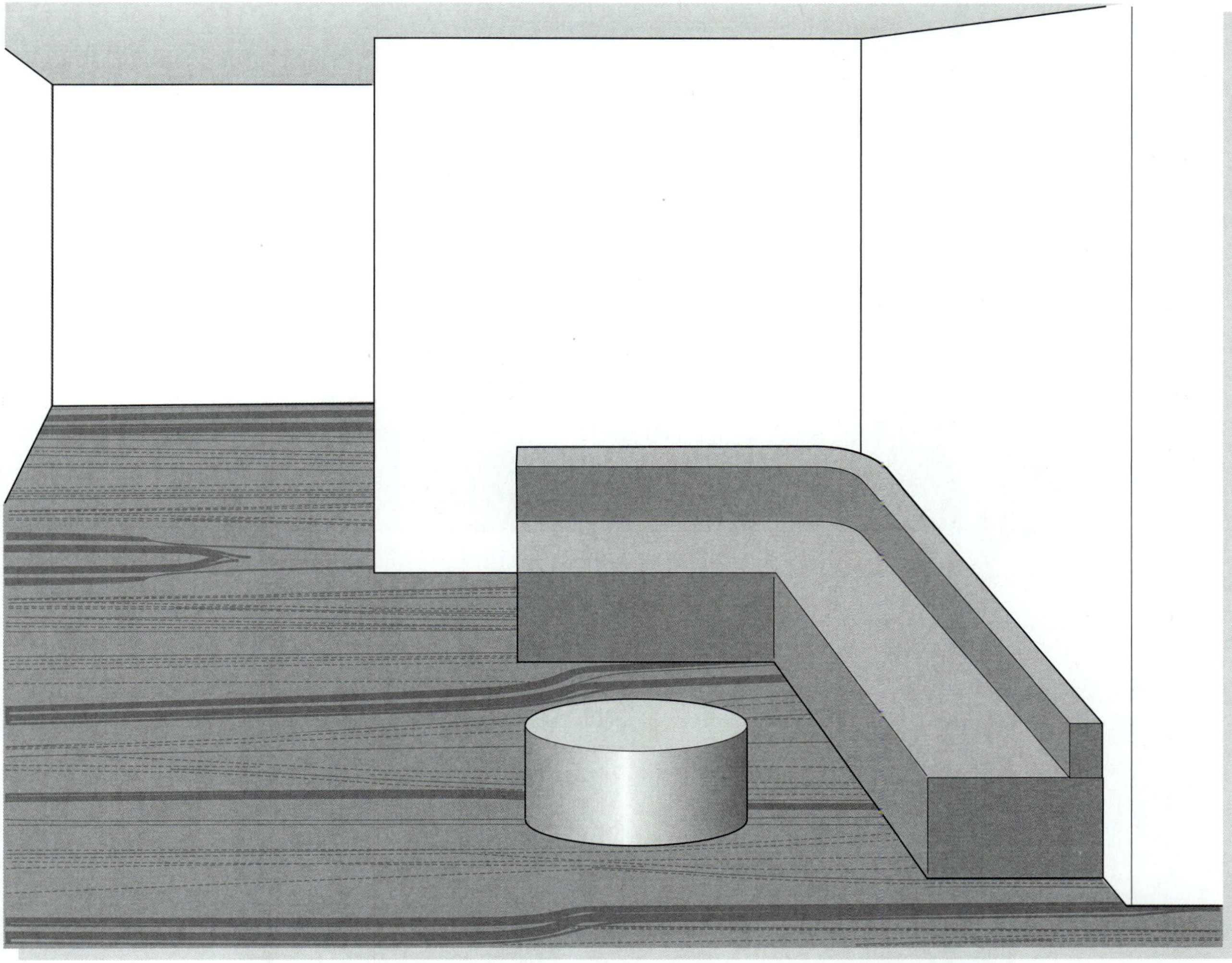

Kopiervorlage zum Ausschneiden und Anordnen der Schriften.

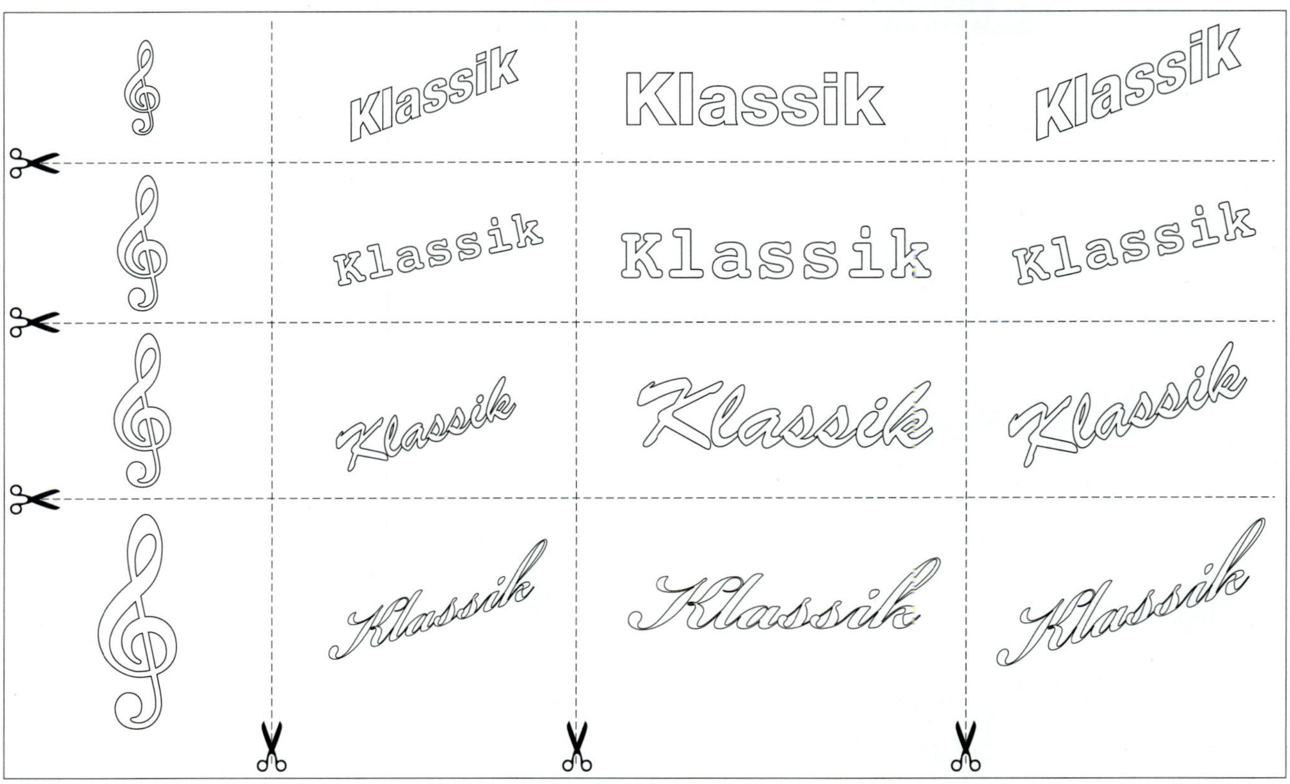

GESTALTEN DES FIRMENFAHRZEUGES

Das Musikgeschäft besitzt ein eigenes Transport- und Nutzfahrzeug. Zu Werbezwecken soll das weiß lackierte Fahrzeug mit einem ansprechenden Design versehen werden.

Nutzfahrzeug: Transporter mit Normaldach, Jahreswagen, unfallfrei
Lackierung: Originallackierung Grauweiß T7T7, unbeschädigter Zustand

Leistungsbeschreibung

Pos. 1 Grundsätze der Schrift- und Werbegestaltung
Pos. 2 Ideen- und Entwurfsphase
Pos. 3 Umsetzung eines Entwurfs

Pos. 1 Grundsätze der Schrift- und Werbegestaltung

Aufgabe 30

Ihre Meisterin zeigt Ihnen den Schriftzug „Noise" in unterschiedlichen Varianten. Sie bittet Sie, die Entwürfe auf ihre Lesbarkeit zu beurteilen. Finden Sie dabei heraus, auf welche Art und Weise sie den Schriftzug verändert hat (siehe Beispiel).

NOISE	**Lesbarkeit:** Eine reine Versalschrift ist im Gegensatz zu einer Schrift mit Versalien (Majuskeln) und Gemeinen (Minuskeln) schlechter lesbar. **Veränderung:** Das Wort besteht ausschließlich aus Versalien (Majuskeln). Es handelt sich um eine Versalschrift.
noise	**Lesbarkeit:** **Veränderung:**
Noise	**Lesbarkeit:** **Veränderung:**
Noise	**Lesbarkeit:** **Veränderung:**
noise	**Lesbarkeit:** **Veränderung:**
Noise	**Lesbarkeit:** **Veränderung:**
Noise	**Lesbarkeit:** **Veränderung:**
N o i s e	**Lesbarkeit:** **Veränderung:**

Aufgabe 31

Die Frau Ihres Auftraggebers möchte sich in die Gestaltung des Firmenfahrzeuges einbringen. Sie präsentiert Ihnen dazu ihren Entwurf einer Visitenkarte. Bewerten Sie diesen im Hinblick auf die folgenden Kriterien: Lesbarkeit, deutliche Informationsübermittlung, übersichtliche Anordnung, Wiedererkennungswert, zielgruppengerechte Gestaltung.

Aufgabe 32

a) Erstellen Sie anhand des Ergebnisses Ihrer Analyse einen neuen Entwurf für die Visitenkarte.

b) Kontrollieren Sie den Entwurf im Hinblick auf die genannten Kriterien.

Aufgabe 33

a) Recherchieren Sie verschiedene Möglichkeiten der Beschriftungs- und Übertragungstechniken und zählen Sie diese auf.

b) Welche Technik wird heutzutage für das Beschriften von Autos verwendet? Warum? Begründen Sie Ihre Antwort.

Aufgabe 34

Welche Vorteile hat das Schablonieren gegenüber dem Kleben?

Wie würden Sie entscheiden?

In der Abteilung Soundtracks soll das Regalsystem mit Ordnungsschildern ergänzt werden, um dem Kunden die Orientierung zu erleichtern. Hierzu werden verschiedene Fantasieschriften für die einzelnen Filmgenres (Filmart) angeboten. Entscheiden Sie, welche Schrift das betreffende Genre am deutlichsten widerspiegelt und ordnen Sie diese zu (Western, Horror, Romantikfilm, Historienfilm, Zeichentrick, Sience-Fiction, Komödie, Gangsterfilm, Literaturverfilmung, Psychothriller).

Filmgenre	
Filmgenre	
Filmgenre	
Filmgenre	
Filmgenre	
Filmgenre	
FILMGENRE	
Filmgenre	
FILMGENRE	
Filmgenre	

Pos. 2 Ideen- und Entwurfsphase

Aufgabe 35

Sie sehen drei Beispiele für Fahrzeugwerbung. Urteilen Sie anhand der Kriterien, die Ihnen bereits aus Aufgabe 31 geläufig sind, welches gelungen und welches weniger gelungen ist.

Aufgabe 36

Erstellen Sie drei unterschiedliche Varianten für Ihren Entwurf des Firmenfahrzeuges. Beachten Sie die Kriterien: Lesbarkeit, Kontrast zwischen Schriftfarbe und Untergrund, übersichtliche Anordnung.

Die Schriftart soll zum Logo passen. Die Farbe des Fahrzeuges und der Schrift kann frei gewählt werden. Probieren Sie unterschiedliche Platzierungen, Größen und/oder Schriftschnitte aus.

Folgende Informationen sollen auf dem Fahrzeug angelegt werden:
- Logo des Betriebes
- Adresse: Musikfachgeschäft Noise, Böttchergasse 12, 30169 Hannover

Pos. 3 Umsetzung eines Entwurfs

Aufgabe 37

a) Wählen Sie eine Variante Ihres Entwurfes aus Aufgabe 36 aus und setzen Sie diese auf dem Fahrzeug um (siehe folgende Querseite).

b) Begründen Sie Ihre Auswahl.

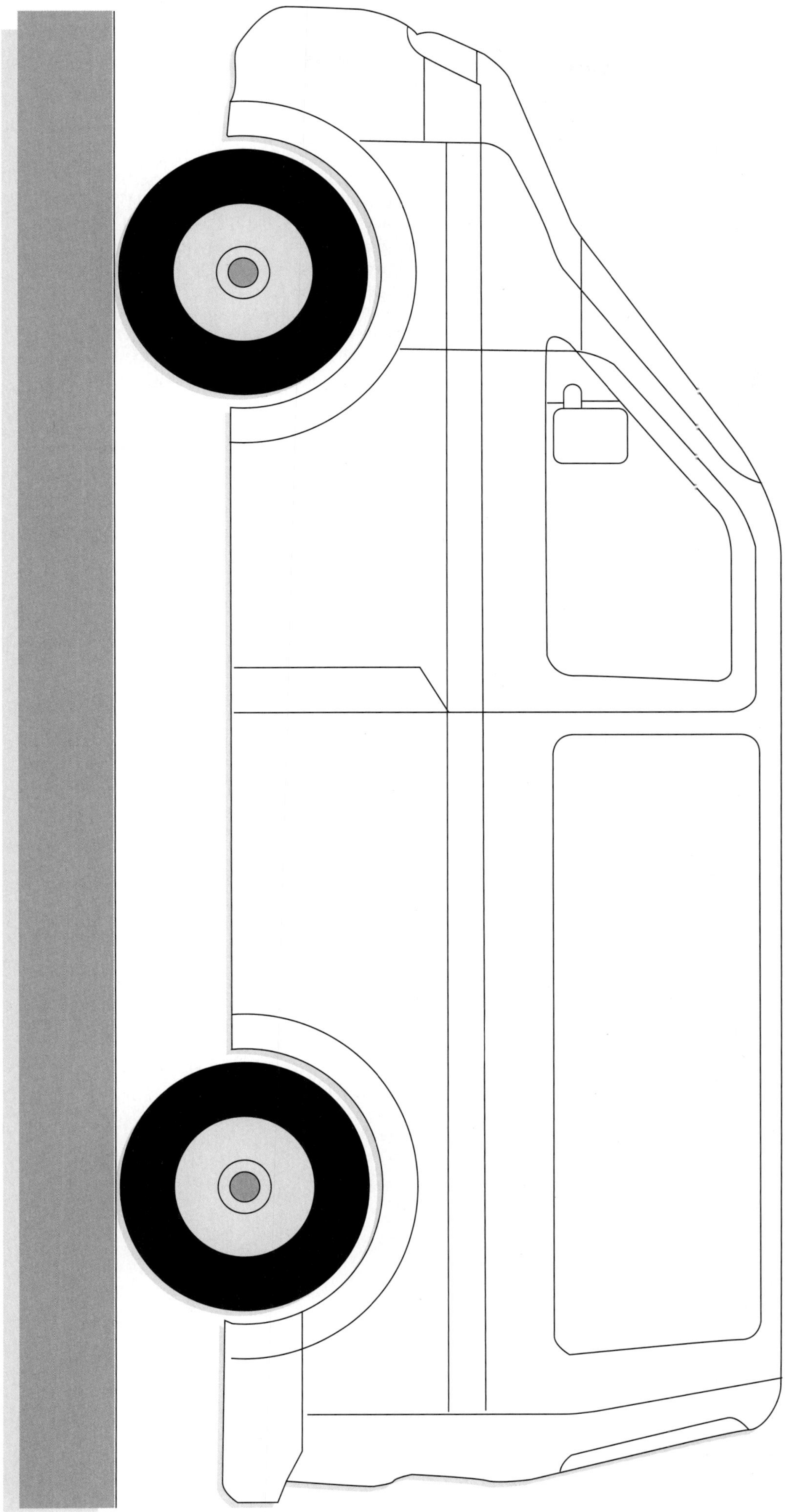

Bildquellenverzeichnis

A.S. CRÉATION TAPETEN AG, Gummersbach: 78.5. |Alamy Stock Photo (RMB), Abingdon/Oxfordshire: pbpgalleries 79.5. |Armstrong DLW GmbH, Bietigheim-Bissingen: 78.1, 80.1. |BC GmbH Verlags- und Medien-, Forschungs- und Beratungsgesellschaft, Ingelheim: 7.1, 7.2, 7.3, 7.4, 8.5, 8.6, 8.7, 9.1, 9.2, 9.3, 9.4, 55.1, 55.2. |deckermedia GbR, Rostock: 27.2, 27.3, 28.1, 28.2, 32.1, 42.3, 50.1, 58.1, 61.1, 62.1, 63.1, 64.1, 64.1, 66.1, 66.2, 66.3, 71.1, 74.1, 74.2, 75.1, 75.2, 76.1, 77.1, 77.2, 78.2, 78.4, 78.6, 78.7, 79.2, 79.4, 79.6, 86.1, 86.2, 86.3, 86.4, 86.5, 86.6, 86.7, 86.8, 86.9, 86.10, 87.1, 87.2, 88.1, 88.2, 88.3, 88.4, 88.5, 89.1, 89.2, 90.2, 90.3, 91.1, 91.2, 93.1, 95.3, 95.4, 95.5, 95.6, 95.7, 95.8, 95.9, 95.10, 95.11, 95.12, 96.1, 96.2, 96.3, 97.1, 97.2, 98.1, 99.1. |fotolia.com, New York: R. Claasen 9.7; T. Michel 9.5, 9.6, 9.8; thostr 11.1, 11.2, 11.3, 11.4, 11.5, 11.6, 11.7, 11.8, 11.9; vektorisiert 8.1, 8.2, 8.3, 8.4. |Future Mindset 2050 GmbH, Gehrden: 5.1, 6.1, 6.2, 13.1, 16.1, 16.2, 16.3, 34.1, 34.2, 39.1, 39.2, 41.3, 41.4, 46.1, 52.1, 53.1, 70.1, 85.1. |Heinrich Klar Schilder- u. Etikettenfabrik GmbH & Co. KG, Wuppertal: 8.8. |HOFFMANN TRADE AG, St. Vith: 36.1. |iStockphoto.com, Calgary: ABBPhoto 78.8; Bhakpong Titel. |KonzeptQuartier GmbH, Fürth: 3.1, 3.2, 20.1, 20.2, 23.1, 23.2, 26.1, 26.2, 31.1, 31.2, 35.1, 35.2, 40.1, 40.2, 41.1, 41.2, 41.5, 41.6, 41.7, 41.8, 42.1, 42.2, 44.1, 44.2, 49.1, 49.2, 53.2, 53.3, 57.1, 57.2, 68.1, 68.2, 95.1, 95.2. |Krückeberg, Helge, Hannover: 70.2. |L-Tec Lacktechnik GmbH, Cham: 67.1. |Lober, Dietmar, Ennepetal: 50.2. |M&K Filze GmbH, Spalt: 80.2. |Marx, Alexandra, Hannover: 47.1, 47.2, 47.3, 48.1, 48.2, 48.3, 49.3, 59.1, 59.2, 59.3, 60.1, 60.2, 60.3, 60.4, 68.4. |Metallbau Müller, Föhren: 43.1. |PantherMedia GmbH (panthermedia.net), München: Ickler, Jens 19.1; pressmaster Titel. |Rohde, Anja, Wunstorf: 31.3, 31.4, 78.3, 79.1. |SATA GmbH & Co. KG, Kornwestheim: 67.2. |SchwörerHaus KG, Hohenstein-Oberstetten: 27.1. |stock.adobe.com, Dublin: An-T 18.6; Blickfang 79.3; Coprid 68.3; hedgehog94 Titel; Kyran 29.1; onairjiw 18.5; Pawel 18.1; Posthouwer, Paul 18.3; Schwier, Christian 18.2; sirawut 18.4; zephyr_p 80.3. |tesa SE, Norderstedt: 68.5. |Tewes, Daniel, Hamburg: 60.5, 60.6, 60.7, 60.8. |VDE Prüf- und Zertifizierungsinstitut GmbH, Offenbach: 13.2. |Volkswagen Aktiengesellschaft, Wolfsburg: 90.1.